金牌業務主管實戰全書

從百萬到百億

高績效團隊建立與管理

王者教練 聶繼承──著

推薦序

令人折服的業務主管成功方程式

蔣萬安／立法委員

　　每次閱讀聶老師的書，都會被他的業務思維、態度、行為模式及業務技能的提示教導，深深吸引與折服。我見過很多業務高手及經理人，原來他們之所以成功的方程式，就是書中所提到的：五心法、六動作、七習慣的養成與淬鍊，真是令人耳目一新、豁然開朗。

　　這本書不但是一位新手主管如何領略帶領團隊的最佳「教戰守則」及「管理備忘錄」，更是一本領導者自我實現的「葵花寶典」。這就是俗稱的「滿滿乾貨」，在這裡，萬安要向聶老師的智慧與知識，致上最高的敬意。

　　令人折服的是老師用七萬字及很多的執行表格，詮釋主管如何從年度目標設定、工作計畫的展開、日常作業的順序與步驟及繁瑣管理中，都濃縮在三張表格裡：(1)每

人每月的工作清單；(2)每月每人的工作成長表；(3)每月
業務的行動紀錄表。如此一來解決了很多企業培育業務主
管時的苦惱，也讓我體悟到，不管任何事物，只要你的心
更專注，多練習，都會有方法可解。萬安也會把它當「參
考書」來用。

聽很多企業及主管說，人才難覓難育，好人才也難
留，這一點在過去我非常認同。但讀了聶老師的書後，突
然茅塞頓開，只要：(1)找對人；(2)縮短學習時間；(3)提
升生產力，就可不必過度「依賴人才」。事實上，中小企
業是不可能與大企業「搶奪人才」的，但要學習一套「不
靠人才」也能有績效的管理方法與流程，這一點真的令人
振奮。

在此特別呼應書中所提到的「團隊建立的四大準
則」：挑選伙伴、建立信任、相互支持、共同承擔的理
念，也學到帶領團隊的四個自我：(1)自我成長──創造
機會，樹立里程；(2)自我管理──成就事情，貢獻組
織；(3)自我競賽──精進技能，創造績效；(4)自我問責
──使命至上，投入工作。再度讚賞聶老師這本可「即學
即用」的業務領導管理書籍，我會用「空前卓越的書」來

形容它。

　　很高興再次獲得聶老師的愛戴，幫這本堪稱業務主管的「武功祕笈」撰寫序文，對我來說是一舉數得，可一邊學習，一邊思考運用，於是我成為這本書的最大獲益者。所以只要是聶老師所寫的書，我都會拜讀，並且推薦給大家，也預祝這本書成為暢銷書，這是我衷心的祝福！

推薦序

從外功到內功，
業務成長的點、線、面

賴志達／良興電子總經理

　　對所有企業而言，業務單位一直都是公司的先鋒部隊。而大部分的中小企業老闆多半也是從業務出身，自身就是公司最強大的業務員，許多企業的出生期起步都是創辦人從懂自己的產品，到熱愛自己的產品，再讓客戶愛上公司的產品。而企業經營和成長，首要就是從業務結構和客戶結構中展開，故業務的拓展及客戶的經營便成為企業發展茁壯的核心，而系統化及科學化的營運又成為近年來企業成長的關鍵因素。

　　聶老師有著多年兩岸3C零售業代理及店面經營的實戰經驗，踏入企業教練的這些年更是經歷了多元化的產業與實務上的操作。本書中，聶老師細心地將其經驗有系統

地集結成冊，讓人人都能方便運用其方法和表單，進而達到事半功倍的業務成長，是一本很值得推薦的工具書。

透過多年來我經營企業的經驗，找到或開發出好的產品是經營的第一步，如何透過銷售技巧和能力的精進，讓自己的業績高速成長和爆發是第二步，相信大家透過聶老師所撰寫的第一本書《金牌業務的90%成交術：從百萬到百億的銷售絕學》中的內容，都能有很多的學習和精進。大多數人在工作上的成長路程都是做中學、打帶跑，努力從成長和失敗中學習。但市場瞬息萬變，這幾年我更體會到懂得運用系統化去學習及運作企業的重要，找到好的工具書，並融會貫通、按部就班地運行在自己的工作或公司上，就能大幅提高進步的速度與量能，且系統化的方式也較能達到成功模式的複製與成長。

在第一本書中，內容重點在提高個人的銷售能力及業務推廣，讀者細細鑽研後都能成為超級業務員。但企業在競爭中，面對的不只是一個點、一條線，而是一個縱橫交織、錯綜複雜的面。因此聶老師在第二本書所談到的團隊建立與管理，就是希望接續第一本的點和線，能讓主管們從全局觀來經營團隊。商場如戰場，如何打造一支精良強

　　大的部隊，亦能同心協力地共創全方位的業務成長，這便是聶老師在第二本書中期望分享給大家的訣竅。

　　透過聶老師書中的五心法，六動作及七習慣的養成，加上有效率的客戶分類管理，以及好的績效設定和優化管理，同時在績效考核上，設立一個有效的成長機制讓團隊齊心攻頂達標。最後，在外功練就後，回到內功心法。從兵才將心的養成，到價值環境的創造與拉高團隊的視野，從選才育才上努力建構一個成長茁壯的永續企業。

目錄

自序

成為金牌業務主管的五心法、
六動作、七習慣

　　這是一本協助業務高手「登基成為頂尖業務銷售主管」的書籍。正所謂「千軍易得，一將難求」，一位好的業務主管足以影響公司業績的「半壁江山」，甚至足以「動搖國本」。雖說人才投資是企業最重要的投資之一，但很多企業卻沒抓到重點，這一方面是因為短期難獲效益；另一方面則是不知道如何培育。在任何組織裡，人才結構大致呈現10%：80%：10%的常態比例，而本書就是為了教導你如何把重點放在中間這80%的主要人力裡，經過審慎嚴謹的七段「造才工程」而書寫的。

　　造才七段工程指的是：招才→試才→訓才→育才→升才→留才→汰才；再將領導管理主軸架構在團隊的四個

「自我」上：(1)自我成長；(2)自我管理；(3)自我競賽；(4)自我問責。這需要多年的淬鍊，也需要有名師指路，就像一位米其林主廚的誕生一樣，沒有千錘百鍊難得一領導將才。

本書不同坊間業務團隊建立及管理的書籍，不僅給予清晰的觀念背景解說，並深度挖掘業務主管在領導管理上「似是而非」的盲點，諸如：業績高手是否該享有規範外的特權？是否該忍受資深業務的「日漸衰退」？若業績不理想時，還要徵才嗎？還要持續做教育訓練嗎？

而這本書將教導你暫時不去理會上述的盲點，轉而聚焦學習業務團隊成功的「五心法、六動作、七習慣」的操作。所謂的「五心法、六動作、七習慣」指的是：

五心法：(1)聚焦；(2)細拆；(3)扼要；(4)綿密；(5)持穩。

六動作：(1)設目標；(2)選項目；(3)定標準；(4)做紀錄；(5)找模式；(6)盯執行。

七習慣：(1)標準作業；(2)追根究柢；(3)革除惰性；(4)跳脫舒適；(5)面對缺點；(6)即時反省；

(7)團隊協作。

　　書中將有系統地給予業務主管實戰圖表式的業務管理技能，並有一套能上戰場的應用方法與工具，即學即用，能讓你快速提升銷售團隊管理的「三方、五能、六步」的職能。所謂的「三方、五能、六步」指的是：

三方：(1)方向；(2)方法；(3)方案。

五能：(1)任務傳達；(2)教育訓練；(3)工作檢核；
　　　　(4)運作專業；(5)激勵成長。

六步：(1)建立運作標準；(2)規劃工作模式；(3)教導
　　　　工作技能；(4)驗收工作績效；(5)排除工作障
　　　　礙；(6)維護工作成果。

　　同時每一章節，都手把手地帶你用以下四個步驟快速上手：(1)清晰觀念；(2)實戰案例；(3)具體執行方法；(4)有效解決難題（系統）。如果你正帶領業務銷售團隊或是中高階業務主管，都能透過閱讀、練習，精進本課程，扎實學會與活用！

　　寫一本屬於自己工作心得的書，像懷胎十月，過程中好似走入過去的「時光隧道」，也彷彿看到過去自己奮鬥的身影，這些種種不再是艱辛而是甜美的回憶。但願每一位來閱讀的有心人，都能一邊閱讀，一邊入戲到你的日常工作，也可跟你過往的做法兩相對照，然後「去蕪存菁」。最後，能不斷練習、演進、創新。敬祝　閱安！

第一章

主管當責
做最重要的事

1-1 主管及業務的職責與能力

　　一個公司需要有領導能力的主管，而員工則是想要找對產業、進對公司、跟對老闆；以上這道理很簡單但卻不容易達成，關鍵在於彼此的「期望落差」，有句話說的好：「每個人都可以自由選擇，但沒有人會放棄自己的想法。」儘管它只是卑微的要求。

　　以前有個業務同事，他很聰明，口才也很好，但一年下來卻業績掛零。後段時間，主管很少找他談話，他也儘量不出現在主管面前，每個月乾領薪資，卻抱怨連連。其實重點不在於誰對誰錯，而是知道錯也無力改變，並且像個千年詛咒一樣，不斷重複發生。

　　多年以後我從昨日的菜鳥蛻變成今日的主管時，心中暗自期許，不要讓當年的「無助與徬徨」再度降臨在我的團隊上。就像含辛茹苦的父母，總想盡辦法要「改變下一代的命運」那般的堅決。

　　一個好的業務主管，不但要讓公司需要你，更要讓同仁想跟隨你。這樣的業務主管首先面臨擺在眼前的挑戰，依我多年的心得，可以歸納為三個，即如何：(1)找對人；(2)縮短學習時間；(3)提升生產力。同時要培養出寫「管理筆記」及「領導作業簿」的習慣。因為要寫筆記，才會認真觀察與思考；寫作業則是找到技巧與錯誤的練習。

　　前主管曾告訴我，業務單位要找既「認分」又有企圖心的人。因為認分，所以不會好高騖遠；有企圖心才不會滿足於現狀。他建議我用「腦筋靈活，做事踏實」來作為召募人才的主軸，而我沿用至今，受用無窮。這中間，我曾用過一位自美國紐約大學畢業的碩士做業務，結果就是不認分，不到一年他就離職了。從此我堅信「適才適所」的重要性，而非這個人資質好就可以。

　　市井坊間都說，業務必須能言善道，巧言令色。其實不然，有位中年熟女是汽車銷售高手，她卻以「信任」來詮釋她的銷售心法。她只強調要取得客戶的信任，要從培養業務身上好的DNA著手，當時我有點懵懂，經過多年的驗證，我整理出以下七個業務必備的DNA。

補充資料：筆記1

★業務必須要有的七個DNA

1. **語言能力**：可以説出自己的故事、夢想、感動、挑戰、挫折、使命。
2. **智能專業**：有能力定義問題、解決問題、預防問題。
3. **數字概念**：會算成本，用數字改變觀念。
4. **活動能力**：有影響力，積極向上，率先參與。
5. **組織能力**：樂於研究，逆向思考，有策略。
6. **情緒管理**：面對現實，即刻反省，跳脫挫敗。
7. **團隊協作**：擁有讓他人加入、一起負責、共享成果的胸懷。

　　很多企業常困擾著不好找人，但其實更重要的是，如何吸引好人才上門，以及如何讓新人在最短時間內能獨立作業，並清楚怎麼做才會實現自己在職涯上的夢想。在業務領域裡，企圖心及不屈不撓的精神是很重要的，但除了這兩個得來不易的特質之外，如何形塑良好的工作文化更顯重要。首先要打造好業務團隊的S-P-R-M-I，所謂的

S-P-R-M-I是指：

- **Style**：組織風格。
- **Principles**：管理原則。
- **Request**：作業要求。
- **Mode**：工作模式。
- **Indicators**：考核指標。

補充資料：筆記2

★業務主管團隊建立的四大準則

- 準則一　挑選伙伴：專注找到三觀相近、願意接受改變與挑戰的人才。
- 準則二　建立信任：要求「主動報告」、「言而有信」、「率先承擔」的企業文化。
- 準則三　相互支持：刻意提倡「為公不為私」、「貢獻多少拿多少」的優良態度。
- 準則四　共同承擔：提早訂出「先付出再收穫」、「不能置身事外」的遊戲規則。

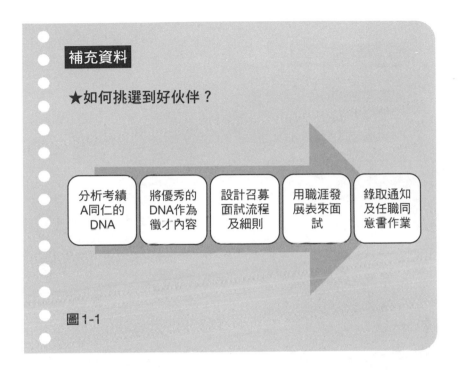

補充資料

★如何挑選到好伙伴？

| 分析考績A同仁的DNA | 將優秀的DNA作為徵才內容 | 設計召募面試流程及細則 | 用職涯發展表來面試 | 錄取通知及任職同意書作業 |

圖1-1

　　人才進來公司以後，必須要把他放進「保溫箱」來呵護，千萬別讓組織裡的某些人事物腐蝕了他。譬如要他每天寫學習心得，並和主管在下班前聊十分鐘；安排人和他一起吃午飯，跟他聊聊如何適應環境、如何學習成長。這時主管的保溫箱，要放進什麼東西就特別重要了。

補充資料：筆記3

★業務主管的保溫箱思維

- 我不想放棄我用心選進來的人。
- 在作業要求中製造改變的樂趣。
- 以爭取「任務及責任」為領導主軸。
- 建立成員面對「自我缺失」的勇氣。
- 教導「自我問責」的溝通模式。
- 體會成員挫敗的經驗，並支持他們奮起。
- 鼓勵成員自己找答案。
- 要求自我成長，並要持續進步。

　　主管必須在日常的工作中，不停地宣達自己的組織風格、管理原則、工作模式、作業要求、考核指標等五項領導信條。尤其新人入職時，可以找前一個新人來講述這五大信條，主管在場補充，反覆說明，不斷地讓每位員工都能朗朗上口，形成主管自己的「管理聖經」。同時，當部門發生任何問題時，這五大信條就是一切裁判溝通的基石。

補充資料：筆記4

★業務主管的九大職責

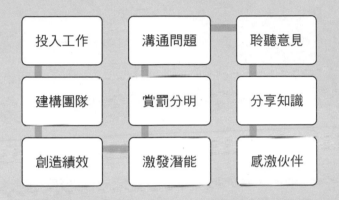

圖1-2　業務主管的九大職責

1. 投入工作：聚焦在指導及帶領團隊完成任務及達成績效。
2. 建構團隊：達成老、中、青的比例為20%：60%：20%。
3. 創造績效：超越目標120%。
4. 激發潛能：至少80%的成員持續進步。

5.**賞罰分明**：把五個人的獎勵分給三個人（賞）；反
之，五人分三人的獎勵（罰）。
6.**溝通問題**：以自我問責及自我管理為主軸。
7.**聆聽意見**：好好聽出「做與不做」的差別。
8.**分享知識**：選三十道題，寫下成功方法的經驗（成員
都看得懂、學得會）。
9.**感激伙伴**：資訊公開，讓成員完成他們的心願。

　　有一回午休息時間，因為客戶有急件需影印處理，當
我正在影印時，剛巧總經理巡視看到，我們展開了對話：

總經理：你在做什麼？

我：客戶急需文件，我來影印。

總：為什麼不讓助理做？

我：助理都在休息了。

總：可以叫一位沒午休的助理做，或請別的部門來幫忙也
　　可以。我讓你當經理，不是來影印的，有空去休息、
　　想事情都可以，千萬不能拿影印來應付你該做的事。

我：（啞口無言，陷入深思……）

當年的這一段教誨，後來成為我日後在管理上的一個重要指引，那就是「主管要做該做的事」而不是去搶基層員工的事，更不應該做員工喜歡的事。

補充資料：作業 1

★主管應有的能力與職責

1. **非做不可**：要有工作清單，作為溝通和評估的基礎。

2. **一聲令下**：訂好行動執行系統，連續做二十一天。

3. **天天小改**：有效、有紀律的運作，且不斷地改善。

4. **建立信賴**：一切以相互成就為動機的出發點。

5. **做出典範**：統計歸納，找出成功模式。

6. **要有成果**：不能窮忙，必須提升思考深度。

補充資料：作業2

表1-1　業務主管的六大職責

職責／能力	傑出的主管	待改善的主管
1. 建立運作標準	• 統一標準、語言、步調	• 管理原則、工作模式、作業要求缺乏一致性與持續性
2. 規劃工作模式	• 年度計畫 • 每日任務 • 每週成果 • 每月績效	• 沒有清楚的方向、方針、方法、方案
3. 教導工作技能	• 規則與行為 • 順序與系統 • 步驟與方法 • 心得與模式	• 脫鉤年度目標及職能 • 沒有連貫性及追蹤成效
4. 驗收工作績效	• 設目標 • 選項目 • 定標準 • 做紀錄 • 找模式 • 盯執行	• 缺乏階段性檢驗 • 行動與成果沒有關聯
5. 排除工作障礙	• 行動規劃表 • 工作清單 • 行動紀錄表 • 工作成長表	• 只解問題未改流程 • 缺乏資訊透明機制
6. 維護工作成果	• 清楚的目標 • 良好的運作 • 無障礙環境 • 充分的激勵 • 系統化評估	• 沒有釐清團隊及成員應該改善的檢討與賞罰

　　早年公司為了要上市，於是大肆做形象廣告，其中幫店頭客戶掛「廣告燈箱」便成為那段時間重要又緊急的事。首先我們用專案方式進行進度控管，製作說帖，集中訓練表述，沙盤推演，每日檢討，公開賞罰……，終於看到成果。後來公司成功上市，客戶們蜂擁而至來請求掛店招，但若沒有前面嚴謹的訓練，也不會如此順手輕鬆了。所以以下主管的五項職能，讀者應好好體悟練習。

補充資料：作業3

表1-2　業務主管職能──領導行動紀錄表（範例）

五項職能	W1	W2	W3	W4	TTL
任務傳達					
教育訓練					
工作檢核					
運作專業					
激勵成長					

註：W指的是週別，空格以行動代碼量化表達。

在台灣因為中小企業比例佔七成，所以在人才競爭上，始終處於弱勢，再加上未能建立較良好的企業文化，以致於組織結構長期傾斜，老、中、青三代逐漸形成4：2：4的「父老兒少」這種頭重腳輕的比重，非常不利於公司長期的經營傳承，也可以說是「後繼無人」。所以公司要把資源集中在培養中生代的產出，然而要培養中生代，首先必須打破「年資論」的薪酬體系，而改以「績效論」來取代，也就是要形成一個「新人有機會，老人不敢懈怠」的機制環境。以下的兵才將心養成法，就非常重要了。

補充資料：作業4

表1-3　把兵養成將的五大信條

將心的養成五信條	重要的課題	作業練習行動
1. 信賴團隊 四信條： ● 自我成長 ● 自我管理 ● 自我競賽 ● 自我問責	● 幫助伙伴完成願望 ● 每日一小時團隊協作 ● 培養閱讀及思考的習慣	● 畫出職涯曲線 ● 協助完成每位成員三至五年職涯發展表

將心的養成五信條	重要的課題	作業練習行動
2. 自願承擔 三大途徑： • 清楚的目標 • 良好的運作模式 • 無障礙的學習	• 以「七分現在，三分未來」原則做事 • 確認每天的工作價值 • 精練對挫折的忍受力 • 迅速恢復正面的能量	• 寫下對公司及主管的「感謝、抱歉、承諾」 • 寫下影響團隊的方法
3. 無私輔佐 三項清單： • 提出第一線的洞見 • 扮演團隊中的「鯰魚」 • 超越薪酬的貢獻	• 降低跨部門的協作衝突 • 每年提升 10% 的生產力 • 力行自我管理原則	• 寫出每月給成員的三個建議
4. 熱情成事 競爭力培養： • 專業競爭力 • 人際競爭力 • 學習競爭力	• 培植自我挑戰的勇氣 • 創造積極工作的行動 • 強勁而持續的現場力	• 列出本年度的學習清單 • 成立優秀團隊建置小組
5. 奉行忠誠 五不原則： • 不沉澱問題 • 不等待命令 • 不擔心犯錯 • 不便宜行事 • 不光說不練	• 鼓勵認真執著的幹勁 • 訓練勇於面對的心智 • 找出解決的力量	• 寫出忠誠五項修練 • 定期分組討論

很多主管非常害怕員工離職，但也拿不出有效的辦法來遏止年輕世代的「安靜離職」及「任意離職」，於是各

種「委屈求全」、「欺善怕惡」的現象產生，就像老鼠總是怕貓一樣的宿命，無奈透頂。建議大家先改變自己的思維，從而慢慢調整管理行為，一切按規則走，尤其是主管本身的態度最重要。以下幾個管理思維，請大家好好體會一下。

補充資料：作業5

★領導職能思維與挑戰

1. 管理是自己賦予的工作。

2. 超越目標是唯一的任務。

3. 沒有人才就沒競爭力。

4. 領導者最重要的是績效。

5. 找人才是主管的工作。

6. 主管可視狀況越級授權或指揮。

7. 績效落後時，可以尋求內外支援。

8. 有責任讓大家知道成果及困難。

9. 重要的事沒去做，有一天會變緊急。

1-2 頂尖業務主管如何安排每月最重要的工作計畫

　　每月最重要的工作計畫，旨在盤點及修正年度計畫的執行績效，並因應競爭後如何再度聚焦於「最優先的要務」上，而進行必要的整編、破除、補充、新增、汰換、重制等動作，同時也讓團隊成員清楚知道是什麼因素影響了現在的結果。

　　當要安排每月的工作計畫時，可先測試成員們對於「市場競爭」及「客戶期望」的感受度，最簡單的方法是，可用「快問快答」方式問他們對於進電進郵數量、訂單狀況、成交率、成交額、競爭者行為等趨勢的直觀。然後再分析數據，找出次月的工作重點來。

　　曾經有位新任國營事業的董事長，規定電話鈴響三聲就必須要接起來，否則會以績效懲處。結果三個月就讓這老牌國營企業轉虧為盈，簡直令人不敢相信，且那年年終

獎金想當然的「非常豐厚」。從這裡我們可以悟出工作計畫的完勝法則就是「要改變」。

工作計畫要如何安排？答案在於提升計畫的「意義與價值」，也就是要讓團隊成員養成「置身事內」的態度。舉例來說，我們一生中絕對不會馬虎的計畫，如創業、結婚、出國拿學位等，就是事件的意義與價值所產生好的影響。同時好的工作計畫就是串連「回顧過去」及「展望未來」的流程化，但在將工作計畫流程化之前，先好好思考和檢視圖1-3所列的九個提問。

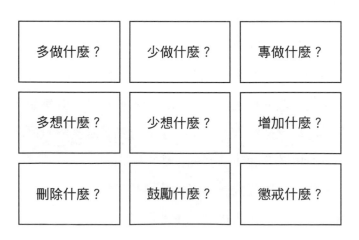

圖1-3

　　經過上列九項思考後，接著要將所條列出的任務、行動、訓練，進行一番整理。同時先「自我檢測」在每月工作計畫前、中、後的關注點：

- 是否有建立行動管理系統來運作？
- 是否制訂清楚的工作模式及作業要求？
- 工作計畫是否徹底任務化？
- 工作計畫是否都能轉換至每位同仁的工作清單中？
- 工作管理是否有明確的責任歸屬？
- 工作回報模式是否需要重新規範？
- 工作紀錄是否已80%系統化了？
- 工作如遇困難是否有改善的系統？

　　上述的自我檢視，其精髓在於「事前規劃、事中落實執行、事後分析檢討」（參見圖1-4）。在美國有個醫療成功案例：某間醫院透過大量分析得出心肌梗塞的黃金救援時間是二十五分鐘，所以他們改變醫療流程，改由急診醫師做好所有開刀急救前的準備，而讓心臟科醫師開刀，如此可以快速開刀急救病人。這流程的改變將心肌梗塞治癒率自68%提升到89%，而這就是每月工作計畫要挖掘出來最寶貴的「工作績效」和經驗。

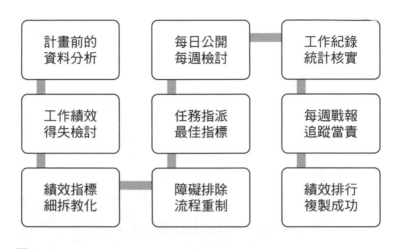

圖1-4

補充資料

★配套注意事項

- 用心翻找每月三項不良業務行為。

- 本月行動量較上月成長10%。

- 50%成員可以達標，再拉高目標10%。

- 本月規劃三次立即獎勵。

- 建檔每月一對一工作成長面談紀錄。

　　表1-4是以電銷為案例，所設計出的每月最重要的工作計畫檢核表，以供參考。

　　每月工作計畫最大的剋星是，忙碌中大家只注意「緊急的事」，而忽略了「重要的事」。所以工作計畫安排好後，要進行一週以上早晨的「站立會議」，以便提醒本週

表1-4　工作計畫檢核表（範例）

2022年	Q1	Q2	Q3	Q4
策略	開拓電銷市場	市場Top 20	市場Top 15	市場Top 10
目標	1000K	2000K	3000K	5000K
任務	20人電銷團隊	30人電銷團隊	35人電銷團隊	40人電銷團隊
重點工作	目標客戶每週3通電話	3通（3分鐘／通）	3通（3分鐘／通）	3通（核心客戶）
關鍵成果	客戶接聽率30%	接聽率30%	接聽率30%	接聽率40%
行動管理	call-out每小時20通	20通／小時	20通／小時	25通／小時
5P檢核	產品、通路、價格、行銷、人力（考評）	網紅推薦、部落客開箱文、客訴專線	同左	同左

註：1. 接聽率要先定義，如一分鐘內不被掛電話。
　　2. 5P檢核要有檢核表，並分析年度發展趨勢（可參考業界領先者的成功指標）。

的重點工作及任務，必要時也可以進行每日下班前的「輪盤檢查」。盤查時可利用業務工作清單（可參見表1-5的範例）來做查核。

　　每月工作計畫重點在「聚焦」及「細拆」，事前的「訪查與規劃」、事後的「評估與分析」尤其重要。工作計畫的本質是以行動為依歸，所以過程中要不斷地溝通、提取、彙整、進化。對業務主管來說任何一項工作計畫，都要降低獨斷，增加「共識決」比重，因而要把焦點放在方向設定、方法試練、方案挑戰上。

表1-5　B2B業務工作清單（範例）

行動標準		任務績效		目標考核	
改善項目	績效	任務	績效	目標	績效
A級客戶拜訪率	65	A級有效拜訪75%	70	B升A＋10%	50
新客戶報價數	35	新品銷售15%	55	C升B＋20%	45
約訪成功率	20	新客戶3	75	新客戶＋10%	75
				AR短少3天	60

補充資料

表1-6 B2B業務工作計畫（範例）

衡量項目	目標	達成	達成率	得失檢討	改善行動
業績達成					
訂單達成					
客數達成					
A級客數					
B級客數					
B升A客數					
A降B客數					
B升A金額					
新增A級數					
新增B級數					

　　每月工作計畫是為了對接年度目標的進行，並且經由嚴密精實的規劃與執行，不只要達標，也希望能超越目標以提升競爭力；最重要的是，在這過程中也是在職訓練的一環。因此組織內可以制訂一套「月報制度」來落實執行計畫，並作為發掘問題、解決問題的最佳練習。

1-3 業務主管如何做好向上和向下管理

在職場上我有個習慣，就是會仔細撰寫一本「主管語錄」。舉凡主管在會議上的決議事項、郵件重點、口頭指示、個別面談等，都會被我收進這本語錄中。累積至今也成為我在領導統御及職涯發展上的智慧結晶。過去每回主管召喚我時，這些主管語錄就成為我的「護身符」跟向上溝通的主軸。

日後每當在管理上遇到瓶頸時，我就會翻閱這本「主管語錄」找出路。經過多年的體悟實踐，整理分享九項向上管理守則給大家參考：

1. 將主管的期望奉為準則。
2. 反饋超值的資訊。
3. 主動聆聽主管的教誨。
4. 提醒主管的疏忽。

5. 協助完成主管的目標。

6. 在專業上互補主管。

7. 關注主管的身心狀況。

8. 成為團隊的中堅成員。

9. 不讓主管在驚恐中管理。

在工作上每個人都有他的「價值觀」及態度，除非自己願意改變成「為自己而做」，否則九頭牛也拉不動他的意志和習慣。很多人也一直認為只要達成目標及任務、能力強，就能在公司深受主管的青睞，但其實不然，因為主管會根據不同時期的狀況改變對員工的期許和要求。所以能不能在職場上先「為自己而做」產生不可替代的價值，才是向上管理的最佳途徑。

但在建造自己工作價值的緩慢過程中，切記千萬不能踩踏主管的紅線，也就是遵循下列的「贏得高階主管信任的向上管理『十不守則』」：

1. 不發牢騷。

2. 不沉澱問題。

3. 不樹立敵人。

4. 不等待命令。

5. 不擔心犯錯。

6. 不受制於人。

7. 不被瑣務牽制。

8. 不便宜行事。

9. 不忽略主管的聲音。

10. 不光說不練。

我們發現很多主管非常需要同仁的信賴，這時你可以展現大抱負，承擔責任盡心輔佐上司。根據常規，承擔越多的人不但歷練越多，同時得到的資源也越多。最後再拿出你的看家本領，讓每件任務在你身上都能漂亮完成，最後再加上「忠誠」演出，那就完美無缺了。

大部分的業務員在新年度計畫訂定完之後，大概有50%的人是且戰且走；另外有20%的業務員則是對於新的年度目標缺乏切身感，因為他們始終看不到目標的「車尾燈」。

企業在年年業績不佳的情況下，每年都還是把業績定的很有「挑戰性」。問他們為什麼這麼做？其實他們也說

不上來，而「撐下去」一直如鯁在喉，隨時都隱隱作痛。這些年年上演的業務戲碼，卻很少有人可以很精準地解碼，就像影片中的馬賽克一樣，始終模糊不清，但也不是一片黑暗，只能走一步算一步，看神眷顧。

有些企業東拼西湊，去年沒有賣好的產品還堆滿倉庫，今年卻又擔心沒有引進新產品而失去競爭力。於是產品線越賣越長，業績卻仍然只是苦撐，而業務陣容還是去年那一批沒把業績做好的「原班人馬」，其結果已是可想而知了。

「信心」是做好業務的金鑰匙，而「為誰辛苦為誰忙」則是導致信心崩潰的心魔。業務員職責太多元，又必須「一對多」地不斷溝通，以致於身心俱疲而深陷茫然。因為忙就容易有盲點，掙扎就容易失去重心。其實業務員最怕的不是忙，而是忙的沒有成果，忙的沒有未來跟期待。為了解鎖業務員的忙與盲，我的忠告如下：

1. 不要讓業務員「包山包海」。

2. 別讓業務員因一對多溝通而忙碌。

3. 把目標細拆成具體任務、成果、績效。

4. 每月用工作清單，作為一切溝通的基礎。

5. 做好統一標準、統一語言、統一步調。

6. 以行動紀錄來檢討時間管理。

7. 清楚理解不同層級之行為表現（見表1-7）。

8. 做好員工個人檔案，追蹤他的職涯發展。

9. 業務主管團隊建立五大方向：

- 目的在建立內部運作典範。
- 建置內部相互支持體系。
- 實現團隊「共有共治」的營運本質。
- 建立工作價值體系。
- 實踐全員參與。

表1-7 不同層級之行為表現

	業務員	主管	高階主管
思維	利己主義	團隊	社會
態度	• 忽略 • 隨興而做	• 當責 • 解決問題	• 推展 • 改變
行為	• 推諉 • 被動	• 提升生產力 • 持續改善	• 擴大運用 • 創新
技能	生、熟、巧	精、專、長、通	達、賢、師

　　我們常會說現代年輕人是「草莓族」，但也反映了業務主管在帶領新世代時要更懂得如何栽培草莓茁壯長大，因為現今已經回不去那個耐操的世代了。在日本，年輕人離職的前五大原因是：

1. 不喜歡主管的工作方式（23%）。
2. 不滿意工作時間和環境（14%）。
3. 和同事前輩、新進人員處不好（13%）。
4. 薪水太少（12%）。
5. 工作內容無趣（9%）。

　　上述前五大原因加總是71%，其中主管的工作方式就佔23%。所以有表1-8所列出的這十五個行為的業務主管，請務必下定決心改善，否則業務團隊流動過大，生產

表1-8

目標失焦	大事不想	專寵親信
績效失準	小事不盯	不到現場
激勵失衡	草木皆兵	不做報告
運作失軌	不找人才	整天內耗
溝通失巧	不辦培訓	爭功諉過

力低落，主管及資深人員將變成「蘇聯重型馬」，雖能負重遠行但終將退出職場，團隊勢必將面臨「後繼無人」的困境。

業務主管身負公司業績重責大任，壓力可想而知，因此建議在思維上要把自己變身為「部門總經理」。當身為業務主管的你把自己位階拉高時，就不能只是會做業績的主管而已，而是要成為「組織效能的經營者」，於是要全面改造部門文化、人才素質、營運效能等。這時向下管理的課題就要設定為：

1. 信任不能放縱，疼惜不是溺愛。
2. 授權不能卸責，愛將不能護短。
3. 競爭不能惡鬥，同流不能合汙。
4. 班底不是派系，用才不求回報。
5. 教導不能藏私，人才不能佔用。
6. 風格不能搖擺，成就不可佔功。

每位業務主管其實都需要花時間去研究「將帥無能，累死三軍」這句話的真實含義，並不斷向別人請益如何讓自己有能。當然每個人的看法與做法不同，但可以歸納業

務主管領導管理的重點在於：

1. **績效導向**：按績效考核項目，教導同仁技能。
2. **根據事實**：強化驗證，追求真相。
3. **要求紀律**：用成功模式徹底執行。
4. **連結薪酬**：加大績效在年薪的佔比。
5. **坦誠對話**：每月進行一對一對話，逐月追蹤改善。
6. **具體執行**：每日有任務，每週有成果，每月有績效。

　有些業務主管會因為在管理上，暫時得不到認同而焦躁或放棄堅持該做的事。但你會發現無論你怎麼改變領導模式，終究沒有辦法立即獲得想要的成果，唯一的路徑只能天天進步，堅持到一定程度後便會產生「滾雪球效應」，而銳不可當了。因此建議稍安勿躁，好好從六大職責（見表1-9）、十項KPI（見表1-10），這些向下管理教戰守則開始實踐。

一、業務主管的向下管理六大職責

表1-9　向下管理六大職責

向下管理職責	目標與關鍵成果（OKR）	行動管理系統（AMS）
1 建立運作標準	• 標準統一 • 語言統一 • 步調統一	• 工作清單（月） • 工作成長表（月）
2.規劃工作模式	• 1/2 時間完成2/3目標 • P-D-C-A	• 行動規劃表 • 行動紀錄表
3.教導工作技能	• 示範、練習、測試、競賽 • 職涯發展KPI	• 洽談紀錄表 • 業務技能評量表
4.驗收工作績效	• 精算「績效成本及利潤」 • 行動效率進步1%～3%	• 業務月報 • 持續改善摘要表
5.排除工作障礙	• 行動效能成長20% • 業務惰性降低10%	• 拜訪率提升30% • 客戶簽認洽談紀錄表
6.維護工作成果	• 強化4P行動 • 建立工作經驗庫	• 幫扶評估表 • 汰劣訓練表

註：1. 4P=passion、prepare、perform、push。

　　2. 績效成本：業績1萬元利潤。

　　3. 行動效率：業務行動一小時的產出。

　　4. OKR：目標與關鍵成果（objective key result）。

　　5. AMS：行動管理系統（action management system）。

表1-9裡提到的4P，運作如圖1-5。

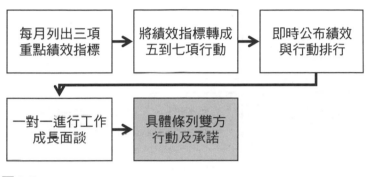

圖1-5

二、業務主管向下管理六大職責運作流程

任何業務上的事大家好像都自認知道該怎麼做，也都付出一定的心力，但成功者卻不及20%。原因很多都是沒有細拆執行步驟及設定每一階段的檢核點，所以事先要設定「對的KPI」及每一個檢核點才行。以下你可以參考這十項KPI來運作改善。

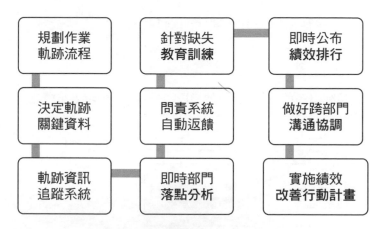

圖1-6　向下管理六大職責運作流程

三、業務工作管理十項KPI

表1-10　十項KPI

1.目標市場拜訪率	6.問題處理專業度
2.潛在客戶接觸率	7.客戶服務穩定度
3.黃金客戶掌握度	8.工作目標連結度
4.規劃行程兌現率	9.達成任務合作力
5.即時任務貫徹度	10.日常作業紀律性

　　業務上除了有形的經驗和知識外，更重要的是，還要有看不見的「無形力量」來幫襯，才會形成有效的成功模

式。以下這幾點，你可以將之視為讓業務團隊管理良善的「背後推手」，請好好加以體悟和實踐。

補充資料

★向下管理教戰守則

- 拉高標準永遠是對的。
- 把缺點帶成特色。
- 你想聽，成員才會說。
- 常為成員打氣助陣。
- 事情不要做多，要做好。
- 別把成員當成你。
- 要求成員要真情流露。
- 把你的想法好好存檔。
- 帶領成員面對低潮。
- 必須忍受不被愛戴之惡。

學習摘要

本章的重點	行動方案	自我獎勵
1. 2. 3. 4. 5.	1. 2. 3. 4. 5.	1. 2. 3.

	分享對象	
	1. 2. 3.	

第二章

新人訓練
業務基本能力養成

2-1 如何制訂一套新手業務快速上手的培訓流程

2-2 怎樣寫一份有參考價值的業務日報表

2-3 如何做好業務彙報，讓主管進行工作指導

2-1 如何制訂一套新手業務快速上手的培訓流程

　　一個人的前途如何開展，不是三言兩語可以涵蓋的，就算我們已經用盡心力，仍然不知結果會如何。而一位新手業務能不能成為將才，關鍵則在於：(1) 看到希望；(2) 縮短學習時間；(3) 有人教他。因為「希望」會讓他自己產生動力；縮短學習時間則是可以加快建立「自信」；有人教他則是讓他快速進入業務的「賽局」。

　　編製新手業務三至五年的職涯發展表，是主管最重要的功課。而當一個人知道目標距離還有多遠時，「心裡有數」就成為最好的「自我控制」。而職涯發展表不能憑空杜撰，必須有成功案例，但這部分只能佔80%，另外的20%是留給當事者的個人夢想部分（可參見表2-1）。

表2-1 職涯發展表（範例）

職等／職稱	基本條件	工作職掌	職能需求	績效指標	升遷作業
一年 （業務）	大學	負責D級客戶	開發新客戶 D升C→20%	D級客戶業績成長50%	主管推薦
二年 （資深業務）	碩士	負責C級客戶	客戶成長10% C升B→20%	C級客戶業績成長30%	主管及同仁推薦 書面考核
三年 （業務高專）	業務經驗二年 考績B⁺	負責B級客戶	客戶成長10% B升A→10%	B級客戶業績成長20%	副理級主管推薦 書面考核 簡報
四年 （業務主任）	業務經驗三年 考績A	負責A級客戶	客戶成長10% B升A→15%	A級客戶業績成長10%	經理級主管推薦 簡報 口試
五年 （業務副理）	業務經驗四至五年 考績A⁺	帶領三至五人業務團隊	客戶升級率30%	團隊業績成長20%	協理級主管推薦 業務計畫書 口試

註：1. 客戶分級：將目標客戶分成A、B、C、D四等級，每級績效差20%。
　　2. 主管推薦：以推薦函形式進行書面推薦。

　　新手業務的培訓必須將傳統的三個月縮短到二十一天，因為時間拖長容易造成熱度冷卻、意外干擾、新人孤立感沉重，而團隊則會慢慢「事不關己」……。新手業務的培訓綱要如圖2-1所示。

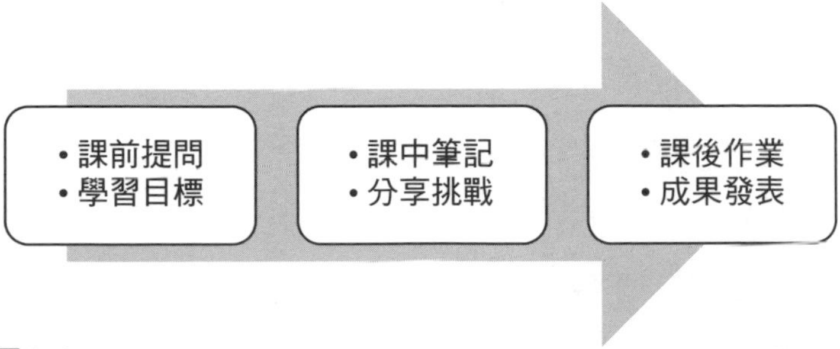

・課前提問　　・課中筆記　　・課後作業
・學習目標　　・分享挑戰　　・成果發表

圖2-1

SOP	**標準運作程序** ・練習→考試（筆試＋口試）→PK	
DMI	**日常管理指標** ・團練→績效→修止→持穩	
KPI	**關鍵業績指標** ・聚焦→培訓→月課→分析→改善	
JIP	**工作改善計畫** ・管教修正→人員成長→工作安排	

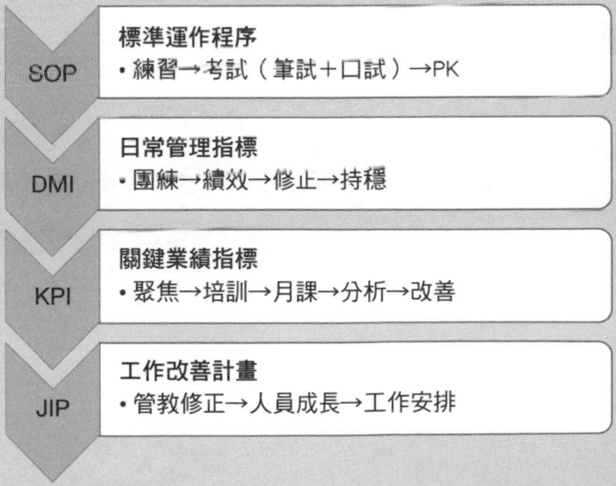

圖2-2　培訓架構

註：1. DMI：日常管理指標（daily management indicators）。
　　2. JIP：工作改善計畫（job improvement plan）。

　　設定培訓目標及指導綱領很重要，但常常被忽略。而最大的謬誤則是「各自解讀」，培訓者與被培訓者都「不夠專注」，也不清楚用什麼方式來提升彼此的專注力。所以有經驗者通常會在培訓前就編好一張培訓指導綱領（可參見表2-2），之後才開始進行，並且與被培訓者充分溝通說明。

　　在培訓的流程中，主管必須承擔所有責任；而新人本身則有提出建議的權力，但也必須接受所有的考評。這一切都是要以實踐「職涯發展表」為依歸。

表2-2　二十一天培訓指導綱領

	第一週	第二週	第三週	上線報告
預期目標	• 清楚自己的工作職掌 • 必須具備的業務能力	• 編製月行動規劃表 • 記錄行動紀錄表	• 業務月報規劃 • 分析行動紀錄	• 通過書面考試及口試及格
衡量標準	• 能辨識客戶分級標準	• 能分辨任務、成果、績效差異	• 產出行動成功模式	• 對比現有業務排序1/2
關鍵行動	• 每日學習心得	• 編製工作清單（月）	• 業績目標設定	• PPT簡報練習
	• 主管學習面談	• 主管學習面談	• 主管學習面談	• Q/A模擬練習
	• 學習改善行動	• call-out介紹自己，每天3通	• 行動流程設計	• 挑戰優點 • 弱點建議
升級行動	• 向資深學長請益 • 協助整理資料	• 年度目標設定 • 業務專題報告	• 業務月報主持 • 業務月報建議	• 二次上線報告
管理指標	• 培訓出勤率 • 學習心得品質	• 學習行動改善率10% • 公眾得票率70分	• 行動成功模式考核70分	• 二次上線報告80分

註：1. 公眾得票率：其他同仁秘密投票總平均超過70分。
　　2. call-out介紹自己：每天打3通電話給客戶，再請客戶評分。
　　3. 行動成功模式：指跟部門優秀同仁對比評估。
　　4. 業務月報主持：考核新人從主管角度看事情的能力。
　　5. 客戶分級：讓新人培養時間管理的能力。

補充資料

表2-3 新進同仁訓練規劃表

項目名稱	時間	培訓方式	培訓重點
DAY1～3 **業務績效分析檢討** • 客戶分級與業務分級 • 業務分配規劃與任期制度	18H	Q/A 案例研討 分析表製作 學長分組討論	1. 客戶分級績效分析 2. 產品與服務績效分析 3. 業務行動產值分析
DAY4～6 **客戶關係管理效能檢討** • 部門組織建立及作業流程 • 新客戶開發與成長和維護 • 目標訂定及績效產出 • 客戶分級制度建立及流程規劃	18H	Q/A 案例研討 分析表製作 學長分組討論	1. A級客戶產值分析 2. B級客戶產值分析 3. C級客戶產值分析 4. 客戶分級服務分級制訂 5. 客戶關係管理指標設定
DAY7～9 **客服營運系統建立** • 客服量能分析 • 客服流程重建與透明 • 客服績效與顧客滿意度提升	18H	Q/A 案例研討 分析表製作 學長分組討論	1. 客戶服務分段流程設定 2. 客戶服務APP系統開發 3. 客戶服務人員教育訓練 4. 客服系統建置與維護 5. 客戶服務異業行銷合作

項目名稱	時間	培訓方式	培訓重點
DAY10～12 **市場分析與成交策略** • 市場CI、CP、OKR、 　AMS分析 • 成交策略：S-S-P-D- 　C-A-S-S	18H	Q/A 案例研討 分析表製 作 學長分組 討論 成果發表	1.市場分析：關鍵競爭指 　標→競爭定位→5P規 　劃 2.成交策略：7S規劃 　• 業務營運計畫 　• 客戶開發計畫 　• 客戶關係維護
DAY13～15 **顧問式銷售與談判技巧** • 顧問式銷售：寒暄、 　詢問、交流、說明、 　結論 • 談判任務： 　A. 品牌優勢：優點與 　　焦點 　B. 利益方案：亮點與 　　賣點 　C. 價值證明：觀點與 　　重點 　D. 差異定制：疑點與 　　痛點	18H	Q/A 案例研討 分析表製 作 學長分組 討論 成果發表	顧問式六感銷售的十大技 巧練習： •「渴望與期待」的諮詢 •「方案式」協商 • 破解「關鍵課題」 • 現場「手記需求」 • 關心「情境差異」 •「實時管理」疑慮 • 拆解「實時需求」 • 結合「自己與顧客」 • 用心兜售「產品價值」 • 專注溝通「美好體驗」

註：1. CP：競爭比較。

　　2. OKR：目標與關鍵成果。

　　3. AMS：行動管理系統。

　　4. S-S-P-D-C-A-S-S：研究、策略、規劃、執行、檢核、行動、系統、分享。

　　5. 5P：產品、通路、價格、行銷、團隊。

新人訓練的成功關鍵在於：(1)團隊共同承擔的能量；(2)訓練方案效益的評估；(3)新人本身的投入。整個培訓流程設計主軸放在階段性規劃、設置檢核點、進行成果評鑑、獨立作業、驗收成效的循環上。凡事都有成敗，特別提醒幾個要注意之處：

- **量身訂做職涯發展表**：80%標準版；20%個人期許版。主管充分說明後，請新人簽認。

- **進行管理共識溝通**：新人報到後隨即進行，不草率；並請新人具體描述其被帶領的方式。

- **學習面談需有具體改善**：每週進行學習檢討，作為後續行動依據。

- **培訓課程以案例研究為主**：實務案例至少進行十次以上的深度研究（隔一段時間進行二次討論）。

- **上線報告重在流程設計**：以業務主題培養新人規劃能力。

- **新人培訓需團隊協作**：成立新人訓練小組，定期開會檢討成效。

2-2 怎樣寫一份有參考價值的業務日報表

　　如果要求業務員在寫日報表時，必須80%呈現樂觀的訊息，這樣會不會帶來比較高的參考價值呢？雖然說不準，但我堅信這是找到機會的一種好方法。一個人若能看到困境中的機會，代表你有遠見；而把遠見提早實現，就代表你有價值。同樣的，你天天在工作卻沒看到機會，則代表你離成功很遙遠。

　　業務員的敗象就是把機會看成無望，把無望視為絕望，然後讓自己整天在無望跟絕望中徘徊而毫無作為。這時的業務日報表很像是「貓抓老鼠」的戲碼，不但失去參考價值，有時還會誤導主管的判斷，而做出了錯誤的決策。

　　一份有參考價值的業務日報表必須清楚載明：

- 三有：(1) 有目標；(2) 有責任；(3) 有行動。

- 三方：(1) 方向；(2) 方法；(3) 方案。
- 三要：(1) 要具體；(2) 要真實；(3) 要分享。

其重要說明如下：

- **方向**：針對目標的執行有很清楚的指引。
- **方法**：提示自己對成果產出所設想的辦法。
- **方案**：有兩個以上的行動方案去面對可能的狀況。
- **有目標**：清楚說明目標對公司及個人的影響與價值。
- **有責任**：明確說明自己在最終結果所扮演的角色。
- **有行動**：寫下針對「怎麼開始、怎麼結束」，所採取的行動。
- **要具體**：不會造成他人的猜疑和誤解。
- **要真實**：重要訊息沒有虛構，可供檢視。
- **要分享**：相關得失經驗提供大家參考。

曾經目睹業務員與客戶當面爭執的情況：一個承諾出現兩種解釋，雙方各執一詞。從表面上看，只要有一方退讓，承諾會解決對方所要的，爭執就落幕了。但實際情況

卻不是如此，從此雙方都陷入了「真理之爭」而沒完沒了。因為沒人願意輕易接受不該負的責任，也不願意各退一步，業務員只好「忍辱負重」。所以，一旦有重要的決議可以請客戶簽認證明。

業務日報表應採取「類合約」形式來呈現。除了雙方的權利義務外，最重要的是彼此可以根據對方的允諾，預測會得到的「支持」。所以要研究用什麼方式，可以讓雙方知道自己要做什麼才會得到對方的「有利回饋」。

有價值的日報表必須清楚寫出五項業務行為：工作規劃、工作紀錄、工作回報、工作改善、工作成果的近況。而多數的業務員在寫日報表時會出現「見樹不見林」的陳述；也經常地主觀推論可能的結果，而決定了「要做什麼」或「不做什麼」。而有價值的日報表應涵蓋的內容及後續的業務行動，如表2-4所列。

剛開始做業務時，沒有真正領會業務日報表如何產生價值，所以寫了很多「不知所云」的內容。直到主管追問狀況時，才發現答案沒寫在日報表裡。我很感謝這樣的頓悟帶給自己的價值，讓我領悟出日後的業務日報表所依據的兩大準則：(1)主管要問的→答案在日報表裡；(2)客戶

表2-4

日報表重點	行動紀錄	待辦事項	問題與建議
市場資訊	• 競爭者的業務活動 • 客戶採購狀況	• 積極提出對策 • 掌握可能變化	• 聚焦在核心競爭力
業務進度	• 業績達成率 • 專案進度	• 分析工作紀錄 • 加強工作回報	• 革除無效行動 • 提升業務技能
客戶反映	• 服務項次數量 • 交易相關洽談	• 書面回應疑慮 • 追蹤工作成果	• 面對缺點即刻反省 • 強化亮點找到賣點
問題處理	• 問題的利弊得失 • 執行及協助的行為	• 進行工作改善 • 回應處理進度	• 系統即時反應 • 檢討處理過程
行銷活動	• 人事時地物 • 預算及效益評估	• 充分理解內容 • 計畫自己的行動	• 市場街頭調查 • 進行「神祕客」專案

要我做的→日報表一個不能漏。

　　任何事物要能順利進行，都要思考它的執行順序及步驟。經過多年業務的淬鍊，我學會日報表即使是「乏善可陳」也不要「無的放矢」。當遭遇困境時，寧可「勇於任事」也不能「推諉塞責」。所以只要你願意朝正面方向去思考發展，就會慢慢得到不錯的成功經驗。而要寫出一份有價值的日報表，你可以參考圖2-3所列的方式來做，因

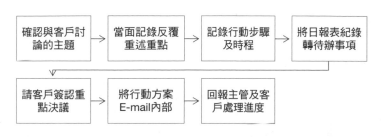

圖2-3

為日報表的重點在於解決問題到產生績效，而不僅是如何表達而已。

　　如果業務員連最基本的業務運作都有問題，那他寫的日報表就值得商榷了。公司主管及客戶希望業務員們一天裡是如何工作的呢？可以參考以下這個狀態的Ａ咖業務行為模式。

補充資料

★A咖業務員的一天

AM 6：00	忘記昨日的不愉快,懷著成功的念頭起身。
AM 6：30	整好衣冠,但要讓脫穎而出的信念入鏡。
AM 6：45	為了理想提早出門,避開浪費時間的壅塞。
AM 7：30	有計畫性地閱讀,開擴見解及視野。
AM 8：00	以競賽者的心態,準備著跟工作有關的事務。
AM 8：15	以領先的企圖,撥打重要的電話。
AM 8：40	用參與的態度,在會議中專心聆聽及記錄。
AM 9：00	紀律性地出門作業,趁競爭者不備畫地為王。
AM 10：30	傳達作業訊息給公司,展現負責及勝利的感覺。

PM 12：45　與客戶及成功人士用餐，就教請益多於
　　　　　　閒話家常。

PM 13：30　精神抖擻再工作，注意今天有何不足及
　　　　　　疏漏之處。

PM 15：00　無論晴雨，按計畫行事，排除不必要的
　　　　　　干擾和欲望。

PM 16：30　預留空間隨機應變，爭取任何可能讓工
　　　　　　作成功的機會。

PM 17：30　檢視進度差異，配合客戶調整回公司的
　　　　　　時間。

PM 18：30　回報工作不沉澱問題，與同事討論，分
　　　　　　享經驗不藏私。

PM 21：00　學習專業不足之處，檢討今天，規劃明
　　　　　　天。

PM 23：30　懷著日有精進的滿足，期待著璀璨的明
　　　　　　天到來。

2-3 如何做好業務彙報，讓主管進行工作指導

業務團隊需要的績效及紀律到底要如何展現？很多公司都很努力但卻效果闕如，其原因出在幾個關鍵上：

1. 業務彙報流於形式沒有環環相扣。
2. 彙報格式五花八門各自發揮。
3. 有統一要求但無個別指導。
4. 重點缺乏一致性與連貫性的追蹤。
5. 口頭彙報佔比高於30%。
6. 書面內容正確性存疑。
7. 無法從彙報內容掌握成果的產出。
8. 彙報內容盡是列出問題，卻沒有對策與責任。
9. 只有檢討眼前，沒有規劃未來。
10. 績效好就忽略潛在問題。

　　過去在職場上很慶幸公司有嚴謹的「月報制度」，成為我們業務團隊的「工作支柱」。舉凡日常溝通、週會檢討，都以月報中的「待辦事項」及「次月工作計畫」為主。一切都聚焦在如何改善現狀，讓工作任務、成果、績效能更徹底地達成。

　　在月報制度中首先要重視它的執行系統，尤其是如何讓每位業務「真誠地面對問題」及負責任地提出解決方案，並尋求公司的支援及主管的指導。所以對於數據來源、報告格式、簡報流程，都需不斷要求與指正。那要怎樣做好業務彙報，可以從表2-5的比較表中來體悟練習。

　　有一回業務的報告極盡所能地畫大餅，而且對於績效不彰的部分只是輕描淡寫地帶過。接下來的對話就尷尬了：

我：你這次月報的重點是什麼？哪裡還要改進？
Sales：嗯！我看看。（一陣臉紅）
我：給你看三分鐘。
Sales：我本來可以做的更好的，可是……。
我：那你的責任在哪裡？

表2-5　良好與一般業務彙報的差異

彙報項目	良好的業務彙報	一般的業務彙報
得失檢討	• 清楚陳述成功關鍵 • 有反省的改善行動	• 只說明數字的由來 • 缺乏清晰的成長行動
工作任務	• 會說明任務的意義與影響 • 會清楚說明執行的步驟與順序	• 只重複交代做了什麼 • 等待結果
行程規劃	• 會表達工作安排的邏輯 • 會緊扣年度計畫的達成	• 說明客戶需求的重要性 • 處理問題佔30%
工作成果	• 有前、中、後的對比進度 • 分享成功模式	• 只談自己的付出 • 未把重心放在團隊的協作上
工作績效	• 重點放在還有多少成長空間 • 著重在關鍵行動的量能分析	• 強調結果產出的原因 • 忽略細拆行動的關鍵要素
專案管理	• 說明對專案負起該有的責任 • 積極表達進階責任	• 總是在表達自己的付出 • 經常會有抱怨及馬後炮
問題處理	• 面對問題即刻反省 • 報告重點放在「如何改善」	• 超過50%在說明別人的問題 • 重點放在追究原因
支援需求	• 具體說明5W1H • 提出自己的承諾及期許	• 提出需求但沒有後續行動規劃 • 要求需求到位，避談執行責任

Sales：（看著簡報，啞口了）

我：接下來如何做？有沒有腹案？

Sales：好！我下去好好想想！

我：不，什麼時候再提出具體做法？三天後可以嗎？

Sales：嗯，可以！

　　這樣的對話我稱為「追根究柢」的彙報互動，它不在強調追究原因而是追究「改善做法」，因為彙報後才是雙方要共同努力往前走的開始。報告只是工作改善的開端而已，接下來的工作指導才是主管最重要的工作職掌之一。

　　主管要做好工作彙報後的工作指導，不是根據過去的習慣來指導同仁，而是要分析業務行動的得與失，提出具體的工作四方：方向、方針、方法、方案，這很清楚地點出了工作指導的關鍵在於「**有根據、說重點、給人領悟**」。所以每月固定請團隊成員給自己打分數，提出行動及需求。這才讓我慢慢悟出了：工作指導必須要有清楚的任務指示，並且讓它形成一套可以自動運轉的系統。它還可以用以下三張表來加以運用：

　　1.**員工檔案**：隨時記錄同仁的生活與工作。

2. **自我成長表**：共同討論三到五年的職涯規劃。

3. **工作成長表**：每月檢視進步與改善的重點。

　　說到這裡，很想告訴大家的是，讓同仁不斷累積工作知識，比給他任何獎勵還重要。所以，何時要做工作指導不重要，重要的是「**只要開始，就不要停止**」。於此同時，要先思考三道問題：(1)想要建置什麼樣的團隊？(2)如何改變團隊既有的工作習慣？(3)如何重塑團隊及個人的優勢？

重要課題

1. 主管如何自我成長來讓員工追隨？

2. 主管如何克服凡事親力親為的掌控欲？

一、適時提供成員最需要的知識與經驗

　　過去我曾經花了三年多的時間，在每個星期一早上
8：15到9：15，進行內部的工作成長營。前半小時，我
會準備上週從工作中看到的問題，做深度的解析與提醒。
但是，問題還是會重複發生；新人更會犯上一個新人所犯
的錯。

　　於是，我開始將問題分類，並找出突破問題的成功
關鍵，將它編製成「工作指南」，隨後就讓同事們在工作
成長營裡去分享自己的執行效益，並且選拔「優秀執行
者」。有段時間，大家從「抗拒到期待」，那是一種「苦
辣酸甜的成就感」。這段「以教代訓」的心路歷程，我有
以下的心得可供參考：

　　1.找人重點：工作態度、價值觀、性格競爭力。

　　2.吸引投入：領導準則在「公平及良性競爭」。

　　3.激發潛能：重點放在「成就感及榮譽感」。

　　4.主管魅力：自我成長及肯定員工。

　　5.指導方針：讚賞比責罵更討人喜歡。

　　6.問題發生：在好消息背後。

7. **錯誤認知**：90%主管認為不會發生問題。

8. **績效檢討**：還有30%是「好消息就是大災難」。

10. **主管喜好**：員工才會報喜不報憂。

由於工作指導要有成效，並非一蹴可幾。而且也不是人人都願意不厭其煩地去教導別人，特別是假若自己缺乏耐心，又不得其法，又不被認同。所以通常都是「雷聲大，雨點小」，過程中，指導者常常是傷痕累累；而受教者則是怨聲載道，不如歸去。

經過多年的探索，我重新整理出以下心得：若要做好工作指導，就必須按部就班，且從思維→態度→行為→技能的順序而行，缺一不可；並且需要多加練習，多所提升。以下提供我的做法，以供參考（見圖2-4）。

重要課題

1. 定義應該做、不該做、停止做的明確內容。

2. 如何做好工作指導的持續性與一致性。

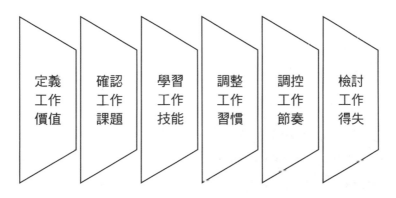

定義
工作
價值

確認
工作
課題

學習
工作
技能

調整
工作
習慣

調控
工作
節奏

檢討
工作
得失

圖2-4

二、鼓勵成員找到最適合他的答案

我的團隊有位小周，負責汐止區的業務。有一天在一家新客戶那裡撥電話給我說，新客戶首次交易就要爭取「放帳交易」。但這是違反信用控管流程的，後來我請客戶與我對話，我問了以下三件事：

1. 老闆為何要來經營競爭激烈且獲利低的行業？

2. 如果您是我，會不會因為是新客戶就輕易放帳？

3. 如果我們不放帳，您以後還會跟我們交易嗎？

　　聽過對方的回答後，我還是決定以「現金交易」，並說如果可以提供有價資產抵押，就可以開始一定額度的放帳。小周回到辦公室，馬上跑來問我為何堅持現金交易，我先問他：「你依據什麼來判定這家客戶的信用呢？」他沒回答，只是尷尬地笑。接著我跟他說，先按我指示做半年，如果都沒問題，就可以放帳。當時，我提出我的三個判斷點：

1. 故意拒絕，考驗這家客戶的實力。
2. 不同意放帳，看這家客戶是否長期經營。
3. 不見面較能客觀判斷。

　　結果，三個月後小周主動告知，那家客戶已被業界點名注意，再約莫半年就倒了；而且業界同行有多家被倒了不少金額。我找來小周，問他對此事有何心得與看法，小周特別謝謝我，也請我教教他，我告訴他，我思考的重點是：

1. 業績不重要，重要的是信用。
2. 先保護員工，再談交易。
3. 凡事先認定有問題，再驗證到沒問題。

4. 主事者缺乏領域實務經驗。

　　經過我的說明，小周豁然開朗了。他馬上說，這樣看來他目前有兩、三家客戶，也要小心他們的付款狀況了。接著，我們又熱烈地討論如何管控這兩、三家客戶。針對這個事件，我的工作指導心得是：

1. 不說假話及廢話。
2. 培養受教者的思考能力。
3. 發展受教者的強項。
4. 掌握不受約束的心。
5. 把疏失當成教訓。
6. 伴隨默默地關心。
7. 不把順從當目標。
8. 找到不信任的黑洞。
9. 不掉入教不完的深淵。
10. 不教低級的失誤。

重要課題

1.如何解決學習上半途而廢的陋習？

2.如何讓人才成為公司的資產而非負債？

三、引導討論因果過程及想要的成果

有回我陪業務拜訪客戶。結果在業務面前，客戶不悅地對我說，他想更換業務員，因為我們業務員答應他的事情都沒做到，而且人很難找，覺得不受尊重。場面尷尬，我馬上連忙道歉，先答應客戶隔天給予回覆，再徵詢其最後意見。

從客戶處出來，業務員啞口無言。接著我開口問：「到底怎麼誤會這麼深？」我先定調是「**誤會**」，所以要他自己去找客戶談清楚，後來情況就有很大的改善了。此時，我的工作指導是「**不走究責，而是究因**」，但要同仁自己面對。這段經驗的心得，可以整理如下：

1. 工作指導心法：客觀思維→找出難題→概括承擔→
   自我成長→認知貢獻。

2. 工作指導流程：心態溝通→實際操作→探索盲點→
　　　　　　　　　做出典範→讚賞肯定→提出忠告。

3. 工作指導步驟：建立運作標準→規劃工作模式→教
　　　　　　　　　導工作技能→驗收工作績效→排除
　　　　　　　　　工作障礙→維護工作成果。

四、將任務細分成步驟與行動清單

　　早年擔任業務主管時，除了北部以外，也負責宜蘭、
花蓮、金門等偏遠地區。每年都會抽固定時間，或新人上
線時，陪同仁去拜訪客戶。當時，九彎十八拐的北宜公
路，單趟車程就要花二個小時，所以當天來回，每次業務
只能拜訪五到六家客戶，且行程很趕。因而業績始終沒有
大的突破，月報時業務對於自己的低拜訪量，也無計可
施。雖然在會議上，我已經給了很多教導，仍然沒有什麼
起色，甚至我們有些爭執。最終我必須親自「潦下去」才
能讓他學習到「如何提升遠距業務行動量」。以下就是這
趟協同拜訪行程的概要：

　　1. 查詢近三個月宜蘭客戶交易狀況。

2. 先分類十、二十、三十分鐘要拜訪的目標客戶。

3. 依車線規劃拜訪順序及動線。

4. 定好每家客戶主題，並傳給客戶。

5. 準備好業務工具及滿意度問卷。

6. 拜訪當場寫完「洽談紀錄」，並請客戶簽名。

7. 拍照留念，並預約下次拜訪時間。

8. 回公司後，三日內寄送「感謝函」謝謝客戶的接待。

9. ……

（以下行程不再一一列出）

結果當天，我們總共拜訪了十三家客戶，而且每家客戶都很清楚如何跟我們配合。

回程走濱海，一路上業務終於改口，承認他還有很多要學習的地方，也很謝謝我的「**無私教導**」，今天他受用無窮。

重要課題

1.如何教導成員設計工作流程？

2.怎麼教導成員運用工作紀錄，來做自我管理？

五、讓同事也樂於投身工作指導

我的老東家，在我離開十五年後，又找我回去指導後進。進行了幾堂課，發現當年的新進同仁，已經蛻變成能幹的主管了。他們介紹我這位老主管時，稱我是當年的「業務教主」、「教育班長」等，一下子回憶又回到當年的工作指導場景了，真是懷念又感激。課後，我也跟幾位主管分享了工作指導如何進行，羅列如下，可供參考（也參見圖2-5、圖2-6）：

1. 建立溝通模式與語言。

2. 規範執行態度與行為。

3. 學習工作知識與技能。

4. 檢討工作紀律與疏失。

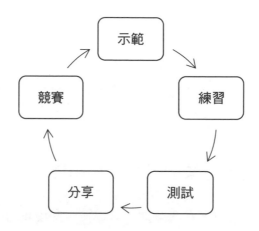

圖2-5

圖2-6

補充資料

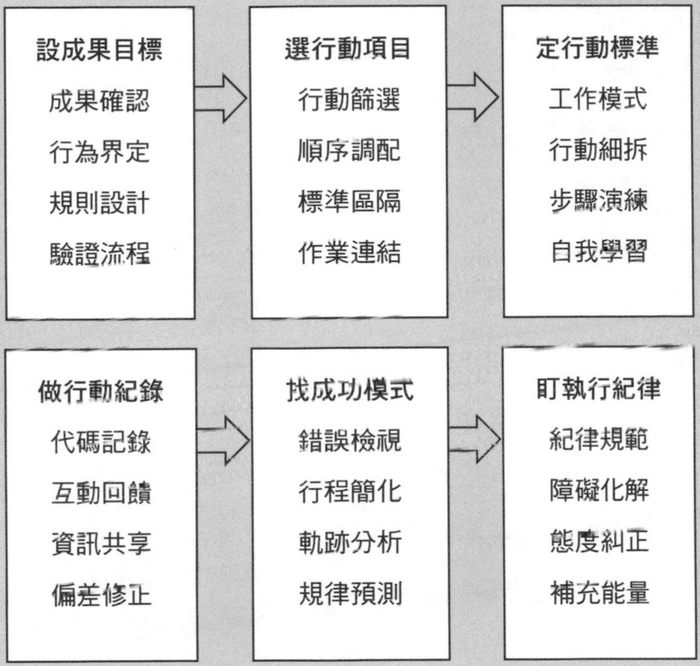

設成果目標	選行動項目	定行動標準
成果確認	行動篩選	工作模式
行為界定	順序調配	行動細拆
規則設計	標準區隔	步驟演練
驗證流程	作業連結	自我學習

做行動紀錄	找成功模式	盯執行紀律
代碼記錄	錯誤檢視	紀律規範
互動回饋	行程簡化	障礙化解
資訊共享	軌跡分析	態度糾正
偏差修正	規律預測	補充能量

圖2-7 工作指導的六大操作步驟

補充資料

★工作指導的行動綱領

- 站在對方的世界思考。

- 找到部屬面臨的難題,率先解決它。

- 無論結果如何都要承擔。

- 運用自我成長面評制度,讓成員追求自我實現。

- 隨時察覺並記錄同仁正在努力什麼。

- 讓部屬主動找你商量。

- 導引成員訂出明確的工作目標。

- 釐清成員內在信念及價值觀。

- 提供充分的激勵動機。

- 探索及開發成員無限的潛能。

- 協助建立良好的運作模式。

- 認知成員的績效與貢獻。

學習摘要

本章的重點	行動方案	自我獎勵
1. 2. 3. 4. 5.	1. 2. 3. 4. 5.	1. 2. 3.

	分享對象	
	1. 2. 3.	

第三章

團隊培訓
開發與維繫客情訓練

3-1 電話銷售的關鍵技巧及操作流程

　　電話銷售人員在工作場域中，到底會經歷什麼樣的質疑、考驗、挫折和痛苦？每位都有自己的版本，說不盡也道不完。曾經有人說，只要做過兩午的電銷，就很懂得抓住人性，並很習慣面對「煎熬與酸楚」。它是一種「度日如年」的工作，也是一種強烈「自我競爭」的工作。

　　心理學告訴我們，若長期遭受拒絕，就可能會產生嫉妒、孤獨和焦慮之感，但只要你懂得應對，這些反而會帶給你成長及韌性。多數電銷人員會被公司帶去學習頂尖業務員（top sales）所需具備的成功話術，但很少公司會教你如何應對「冷言冷語」及令人難受的拒絕。

　　一位商場老闆接起電話時，我正好在現場，剛好可以側耳聽到他與客戶的對話：

老闆：張小姐好久不見，你的聲音很像是你女兒耶。

客戶：……

老闆：我們有賣啊，你什麼時候要？我查一下庫存，最近
很多人買。

客戶：……

老闆：這個產品訂價是2500。

客戶：……

老闆：你放心，你是老客戶，一定會優惠給你。

老闆：你什麼時候要？要幾套？差不多2500左右。

客戶：……

老闆：你確定要，我趕快去調貨，好的，沒問題，交給
我，你放心！

　　其實貨架上是有貨的，當老闆放下電話後，我給他比
個讚，我們倆也相視會心一笑。老闆說，他不會給出「模
稜兩可」的答案；也不會在未確定事實前丟出王牌。他又
說，只要客戶偏向相信，自然生意源源不絕。至今我才悟
出：取得客戶的信任不需絕對相信，而是「偏向相信」。

　　有一句話讓我印象深刻：「自信者的偏見，壓過80%的懷疑。」所以在電銷的過程中要不斷地堆積銷售者的自信，並且要謹記以下的步驟：從導入觀點開始，保留溫點結尾（見圖3-1）。

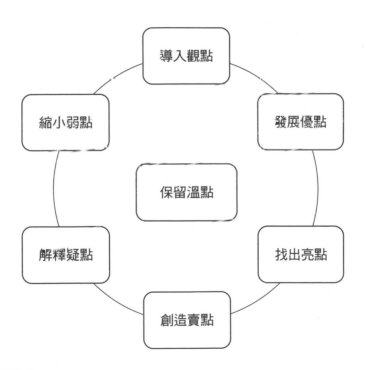

圖3-1

- **導入觀點**：(1)開場典故；(2)引發好奇；(3)聚焦常識。
- **發展優點**：(1)關鍵提問；(2)期望探索；(3)陳述知識。
- **找出亮點**：(1)重建假設；(2)強烈理由；(3)打破認知。
- **創造賣點**：(1)面對現狀；(2)找到困難；(3)比較利益。
- **解釋疑點**：(1)向他學習；(2)抓到話意；(3)縮小距離。
- **縮小弱點**：(1)正視問題；(2)定義問題；(3)解決問題。
- **保留溫點**：(1)升級需求；(2)靠近目標；(3)等待好事。

還是會有很多電銷人員績效不佳，除自身努力不夠外，還屢屢做出不當行為。所以電銷要有績效，要先學會避免「踩到地雷」。圖3-2裡所列的就是標準的地雷，不

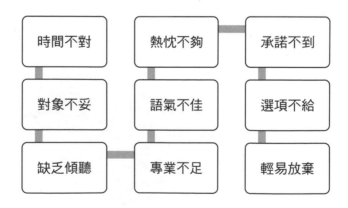

圖3-2　電話銷售不當的行為

可不慎！

　　從客戶角度來說，購買時的不安心與不悅感，是他們最在意之處。畢竟一般人容易受情緒影響而不理智，這時你的性價比再好，也會在客戶不理智的情況下被犧牲了。所以在做電銷工作時，一定要避免引起客戶不安與不悅的舉動。圖3-3列出會讓客戶不滿意的電話客服行為，請務必避免。

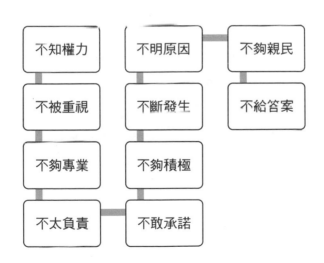

圖3-3　客戶不滿意的電話客服行為

電話銷售要能成功有三大關鍵，可見圖3-4。

電話銷售有五大關鍵技巧，如下：

1. **寒暄與問候**：(1)閒話家常；(2)關心客戶所關心的；(3)說出真話。

2. **詢問與評估**：(1)傾聽情緒；(2)找到困難；(3)正視問題。

3. **交流與分享**：(1)有根據；(2)說重點；(3)給人領悟。

4. **說明與說服**：(1)比較利益；(2)拿出辦法；(3)給出方案。

5. **結論與待辦**：(1)真情告白；(2)真心期待；(3)置身事內。

| 1.用價值的觀點來溝通利益 | 2.用愉悅的語氣來說明方案 | 3.用引導的方式來完成交易 |

圖3-4　電話銷售成功的三大關鍵

　　知道所有業務難為，但電銷業務更難為。要在短短的接觸中，讓對方不掛電話或搪塞你，是非常不容易的。加上很多公司不斷地給壓力，更讓電銷業務人才難尋，也難留。但再難的工作還是有高手可以突破困境產生績效，所以要趕快找到學習方法，並破除自己的不良習慣才是上策（參見圖3-5）。

　　針對不同的對象，建議大家多去閱讀心理學相關的書籍，並且廣泛地蒐集話術。不同性格的人，必須找到對的話術，這裡沒有捷徑可走，只有不斷地練習和揣摩，等到悟出心得便會滾起大雪球。現在從以下五個準則、八類型性格的人，開始練習應對吧！

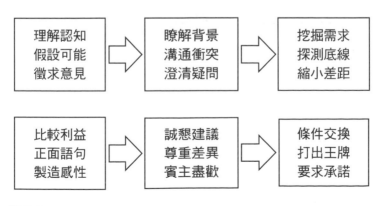

圖3-5

一、五準則

1. 蒐集有用資訊，言之有物。

2. 把客戶放在心上。

3. 真誠地講出心裡話。

4. 有親和力及原則。

5. 銷售賣態度，客戶買信用。

二、八類型性格的應對方法

1. **外向型**：(1)多用激勵語言；(2)述說願景和趣味。

2. **內向型**：(1)不用強勢語言；(2)闡述思考邏輯。

3. **理智型**：(1)多用理性語言；(2)給足具體方案。

4. **情感型**：(1)多用感性語言；(2)拉場景說故事。

5. **實感型**：(1)多用實用語言；(2)彰顯功能差異。

6. **直覺型**：(1)多用好奇語言；(2)表述行動方案。

7. **獨立型**：(1)多用思考語言；(2)提示步驟順序。

8. **依賴型**：(1)多用行動語言；(2)提示方案選擇。

3-2 拜訪客戶的關鍵技巧及操作流程

　　拜訪客戶不是例行公事，而是業務的「專屬任務」。刻意的練習及優良的心理素質是不可或缺的。所以不是「去或不去」的問題，而是對客戶來說「值不值得」的問題，剛開始客戶總是問我來幹什麼，到後來會問我什麼時候來。這微妙的轉變關鍵在於「有用的資訊與建議」，再加上無比的恆心和毅力。

　　業務員常困擾著業績不振而不知道原因為何，到最後慢慢讓自己不去找客戶深談，而是改成找理由來安慰自己。其中能不能見到客戶的高層則是業務拜訪中的「重中之重」，而能不能達到以下的成果，又是一大重要的考驗：

　　1. 獲取客戶信任，穩固客戶關係。

　　2. 瞭解客戶經營現況及客戶需求。

3. 溝通說明公司營運政策。

4. 掌握真實競爭狀況。

5. 當面解決問題，獲取信任。

6. 實地觀察客戶，預防異常問題。

　　越高階的主管越重視任何事物的「投報率」，即使是一場業務拜訪，也會精心算計所謂的「時間投報率」。他會精準地尋找答案如何變現，而不會聽你述說產品的陳舊故事。投報率低於80%時，他寧可閉目養神也不想拿時間來白耗。

　　越有發展前途的客戶越會精挑細選對他有利的訪客，畢竟他的報酬率不是看他接見了多少供應商，而是如何迅速地跟好的供應商達成長遠的「利益交換」，所以有質量的「利益交換」成為業務拜訪的王道。我們也常說拜訪客戶是最能反映一位業務人員的工作態度，還有他的業務能耐。它將考驗業務員對完成拜訪時的人員流程、行動流程及營運流程的效能。

　　很可惜的是，有50%的業務員把30%～40%的時間用來處理「麻煩客戶」的需求；再加上又用40%～50%的時

間來處理「金牛客戶」的需求，而這兩種客戶的業務成長
動能幾乎趨近於零，但偏偏業務員這樣的做法沒有被有效
的遏止與糾正。所以問題不是拜訪客戶要怎麼做，而應該
把課題設定成：「每日業務應完成哪三項任務？每週要達
成什麼成果？每月要產出什麼績效？」

根據經驗，很少有業務員可以準確地回答他每一次的
「拜訪投報率」是多少，更遑論他可以帶給客戶的「被訪
投報率」是多少。很多從事業務性質工作的人，其實都有
想把業務做好的「熱血」，但除了熱血，更需要的是將熱
血變成有效的拜訪。我們用表 3-1 來仔細比較一下要怎樣
才不浪費你的拜訪熱血。

其實每個公司都有它的業務拜訪模式。有一回陪同業
務拜訪 A 級客戶，對話很有趣：

客戶：你就是那位說一不二的主管？

我：是啊！請多指教。

客戶：以前你的業務到我這裡大都泡茶聊天，為什麼現在
　　　坐下來就開始寫洽談紀錄？寫完還要請我簽名確
　　　認，你是怎麼帶的？

我：若沒有客戶的簽名，一概不認。

客戶：這樣不是很硬？

我：只要客戶信任我們就沒有硬不硬的問題！

我：業務員不能說工作很硬，只可以說「做不做得到」。

客戶：（堆起笑容，給我比個讚）

表3-1

	良好的運作	習慣性的運作
業務拜訪計畫	• 根據年度計畫，算出拜訪量能對績效的影響程度，逐月動態調整	• 不分客戶及重要性，採取有求必應，或依自己的偏好行事
約訪模式	• 找推薦→E-mail→自然接觸→事前簡介PPT→約訪簡報 • 約訪節目表	• 主旨不明確的郵件 • 寄產品DM • 打電話
洽談方式	• 寒暄→詢問→交流→說明，並點出影響→提出方案→邀請回饋意見→結論與承諾 • 分析產業競爭 • 提供經營建議	• 介紹公司及產品 • 展示過往成果 • 服務條款簡介 • 打聽同業競爭狀況
效果要求	• 合擬合約綱要 • 提供售前服務	• 出示合約範本 • 介紹服務條款
後續行動	• 幫客戶找生意 • 練習介紹客戶的產品與服務 • 對客戶公司活動進行回應 • 對關鍵人的私人關懷	• 等待客戶後續需求 • 偶爾電話聯絡 • 三節問候

　　這段對話雖然有趣，但是是在詮釋一位業務人對自身工作及對客戶任何承諾的保證。回到我們的日常，我們會為了一趟夢寐已久的旅行費盡心思安排，深怕漏掉任何一個美食美景；新竹內灣「合興火車站」則是一對年輕時在這裡相戀的老夫妻所認養的浪漫車站。而為什麼這兩件事會吸引感動我們呢？最主要的因素是：

1. 對當事者來說非常有意義。
2. 事前、事中都充滿樂趣。
3. 事後令人回味無窮。
4. 得到多數人的羨慕與讚賞。
5. 會不斷帶來正面的影響。

　　旅行及追求女人讓我們領悟到「凡事用心就會有好回報」，而用心拜訪客戶何嘗不是如此？而一次成功的業務拜訪要考慮的有以下幾點。

一、適當的拜訪時機

- 重點客戶業績明顯衰退。

- 新客戶主動來電。
- 一般客戶久未交易。
- 客戶問題未解，雙方暫停交易。
- 大金額交易後。
- 客戶訴怨產生。
- 重大案子推遲。
- 雙方組織變動。

二、拜訪應該記錄的要點

- 客戶年度業績狀況。
- 進行中的重大案子。
- 客戶經常提及的需求與痛點。
- 客戶對公司商品與服務的建議。
- 重要的市場資訊。
- 產生問題的改善行動方案。

三、正確的拜訪流程

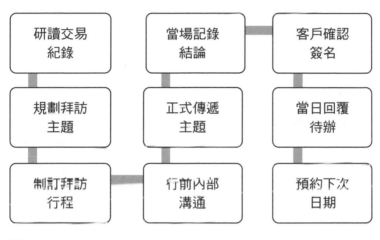

圖3-6

四、怎樣做拜訪紀錄

- 5W1H具體陳述。
- 言簡意賅但不漏數字及時間。
- 重述紀錄內容。
- 詳實記錄不加油添醋。
- 追蹤式記錄。

五、業務員如何運用拜訪紀錄

- 定期統計分析並建構有效的拜訪模式。

- 摘錄重要事項成為個人工作重點。

- 經常思考個別問題是否需做制度修正。

- 每次拜訪前再翻閱前面紀錄。

- 作為與公司及主管溝通的依據。

- 隨時追蹤待辦事項之進度。

- 作為與助理溝通及客戶異動的工具。

補充資料

表3-2 洽談紀錄表(範本)

客戶名稱:	日期:	業務:	上次洽談日期:
上次未完成:			
重點需求:			
幫助客戶:			
拜訪的效益:			
下次重點:			
業務簽名:	客戶簽名:		主管批示:

補充資料

★客戶拜訪業務重點提示

- 經常分析閱讀客戶的交易資料。
- 分析後主動提案並邀客戶回饋。
- 規劃拜訪行程，訪談關鍵人。
- 訪談重要事項需請客戶確認並簽字。
- 訪談結束後，當日回覆客戶緊急需求。
- 報告訪談結果及訪談資料的存檔。
- 客戶資料如需更新，立即更新。

　　念小學時，最期盼的就是學校定期舉辦的「遠足」踏青活動。從消息公布開始，我們就時時刻刻跟同學討論規劃著，每天回家立即反應同學們的提議，看看媽媽的回覆，並且以最高的「企圖心」想得到最佳的結果。而後我就是以這「遠足精神」來執行每一次的業務拜訪，所幸「皇天不負苦心人」，讓我後來的業務生涯能夠發光發熱，願以此遠足精神共勉之。

3-3 客戶報價的關鍵技巧及操作流程

業務員的「格局」是反映在面對任何事物的態度上，尤其是每天都在發生的事情。一張報價單，顯現業務員的「價格」思維；而接下訂單後客戶怎麼看待你，才是業務員所要追求的「價值」。所以經常詢問客戶對你的「評價」是有其必要的。

當客戶質疑你的報價時，業務員要先檢視客戶對你的「信任感」，因為**業務員是在對信任感報價**，而不是單一客戶、單張訂單。而**客戶的「理解與感受」是業務員報價後必須要掌握的功課**，也是業務員如何「守住本質」的成績單，同時也是能不能讓自己得到「成就感」的成績單。

「報價成交率」是一名傑出業務主管及業務員最重要的績效指標之一。根據經驗，報價成交率若低於20%時，則公司有必要進行成本費用的檢討，想辦法跟上競爭

的腳步；但若高於50%則主管及業務員就必須扛下「盈虧票房」的責任了。記得有一名企業家常說：「不想賺錢，怎麼會沒有業績呢？」這真是「一針見血」的省思。

　　公司經營也許不必華麗，但必須堅固。而**業務員真正的成就感則是優於過去的自己**，公司也不例外。業務人最大的悲情，不是因價格高而拿不到訂單，而是降價了仍然「乏人問津」。降價時絕不是大筆一揮，而是**在客戶的信任裡獲得「報價的自由」**。

　　「目標客戶接觸率」及「客戶忠誠度」是良性價格競爭的兩大支柱。業務主管要特別關注「價格曲線」跟這兩個指標的進退率，所以公司為避免客戶及業務員在價格上的「勒索無度」，必須強化三大核心競爭力：產品規劃、銷售能力、公司營運（見圖3-7）。

　　「價格異動率」與「訂單成交率」通常不會呈現100%的同步性，除非你是市場的「領先品牌」。所以想要訓練業務員報價的關鍵技巧，可以從業務行動管理開始，也就是讓客戶對公司及業務員產生信任感後，再制訂有計畫性、系統性的價格策略。其操作流程，可見圖3-8。

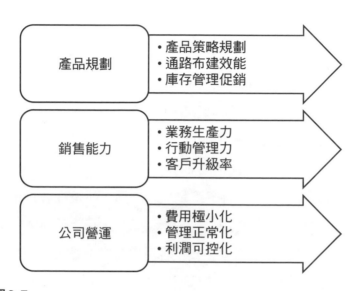

圖 3-7

產品價格策略	業務行動管理	報價五大關鍵技巧
・每日蒐集市場價格 ・銷售進度→調整價格 ・分析調價→銷售狀況 ・新產品訓練→銷售狀況	・每日訂價成交率 ・統計報價成交率	・詢問與評估 ・分享與交流 ・說明與說服 ・報價與談判 ・接單與回饋

圖 3-8

補充資料

★報價關鍵技巧訓練

1. **詢問與評估**：(1)整理客戶詢價模式；(2)追根究柢詢
問；(3)內部演練。

2. **分享與交流**：(1)報價案例解析；(2)客戶意見回答；
(3)製作價格比較表練習。

3. **說明與說服**：(1)內部角色扮演；(2)話術觀摩演練；
(3)加價增量練習

4. **報價與談判**：(1)標準報價賣點；(2)說明訂價的亮點；
(3)演練拒絕技巧。

5. **接單與回饋**：(1)報告歷史成交；(2)分享市場動態；
(3)瞭解客戶經營狀態。

　　曾經有客戶說：「會跟你們公司長期交易，並不是因
為你們價格便宜，而是你們公司可靠，服務也穩定，這是
我們所要的。」價格競爭永遠存在，業績不理想不是只靠
報價技巧就可以扭轉的。而公司要提升報價效能的六大關

鍵如下：

1. **目標市場規模評估**：專注在目標市場的經營與資源的整合。

2. **市場定位與營銷策略**：客戶產品策略規劃供應商＋售後服務便利商。

3. **市場競爭分析**：「業績成長率」、「客戶忠誠度」及「利潤成長率」的三合一分析。

4. **通路選定與布建規劃**：「客戶分級、業務分級、服務分級」的營運模式建立。

5. **業務規劃與費用預算**：建立訂單毛利率及營運費用管控系統。

6. **商品銷售效益分析系統建立**：每張訂單利潤率即時查詢。

企業運作務必發揮「綜合效應」。而這綜合效應的產出就是一套環環相扣之下，又能變成「一加一大於二」的狀況，各職能工作清單如表3-3所列。

表3-3

	每日任務	每週成果	每月績效
產品規劃	• 每天價格開盤 • 分析未成交訂單	• 庫存呆滯率 • 達成銷售毛利目標	• 達成銷售毛利額目標 • 成交客戶數成長%
客戶詢報價	• 報價成交率 • 登錄未成交價格	• 報價接單率成長% • 訂單未成交率	• 報價異動率降低 • 正常報價接單率
價格審核	• 價格異常退回 • 客戶債信管理	• 價格維護率 • 債信處理速率	• 價格異常退單率 • 客戶債信成長率
訂單作業	• 成交價格資訊共享 • 異常價格回報	• 訂單成交率成長% • 訂單未成交率	• 訂單正常價接單率 • 訂單異常價接單率
客戶經營	• 主動call-out久未成 　交客戶 • 定期更新報價	• 客戶詢價成長率 • 客戶告知競爭價格	• 客戶升降級率 • 客戶平均成交額成長%

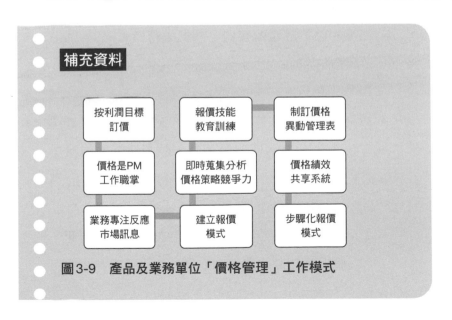

圖3-9　產品及業務單位「價格管理」工作模式

客戶報價作業細則

- 客戶根據自身的需求或收到公司傳遞的促銷訊息後，通過傳真詢價單或電話向業務部進行詢價。

- 業務（助理）接收客戶的詢價單。

- 收到客戶的報價要求後，從客戶建檔資料中查詢該客戶的基本資料，包括客戶名稱、客戶代碼、客戶等級、信用狀況等。

- 業務（助理）根據客戶名稱及系統查詢結果，判定是否為建檔的客戶。

- 如果**客戶不是建檔客戶，內勤業務員（IHS）則拒絕報價給客戶**，但可告知客戶如何成為建檔客戶，報價結束。

- 如果客戶是建檔客戶：(1)業務查詢其是否對公司有欠款；；(2)客戶對公司有欠款，則查詢欠款是否已經到期；；(3)確定客戶對公司的欠款已到期；(4)業務則向客戶催收欠款。

- 如果客戶對公司沒有欠款，或者欠款並沒有到期，以及催收過欠款，業務（助理）則繼續查詢客戶與

公司的交易狀況。

- 根據客戶的詢價需求，從PM的訂價及促銷資料中，查詢客戶詢價產品的當前價格。

- 對於電話詢價的客戶，業務（助理）可根據客戶與公司的交易狀況，告知客戶一些其他產品的促銷訊息；在查詢完客戶需要報價的產品價格以後，在系統中生成報價單。

- 根據客戶需要，決定是否在系統中列印出報價單。

- 如果客戶需要報價單，主管則在電腦系統中對報價單進行審核。

- 如果審核不OK，則由助理在系統中對報價單進行修改。

- 助理從系統中將由主管（課級以上）審核OK的報價單列印出來。

- 助理將報價單傳真給客戶，結束報價作業，客戶確認該報價並下單後，進入接單作業。

- 如果客戶不需要報價單，業務（助理）就在電話中告知客戶價格，結束報價作業，客戶確認該報價並下單後，進入接單作業。

補充資料

表3-4 報價操作流程

客戶	業務管理／產品管理	業務單位
1. 傳送詢價單 2. 電話詢價	• 審核客戶債信→報價單是否符合訂價規範→要求修改報價單→業務單位	• 接收詢價單→是否建檔→建檔客戶是否欠款→欠款到期→催收帳款 • 建檔客戶未欠款→交易查詢→價格查詢（訂價）→告知促銷→生成報價單→列印報價單→審核→報價給客戶→接單 • 非建檔客戶→結束報價

3-4　維繫客戶的關鍵技巧及操作流程

　　開發新客戶不容易，但維繫客戶更艱難。因為競爭者會「趁虛而入」，而大客戶稍一不慎就會離我們而去。總之在這詭譎多變的市場，如何讓客戶對我們產生「信任依賴」才是長久之計。但業務們通常會選擇「短效型」的業務模式，但於此同時「信任危機」已悄悄降臨。

　　競爭者為什麼可以趁虛而入呢？而這個「虛」不但會被業務員包裝成「非戰之罪」，日後也可能成為內部衝突矛盾的因子。相反的，我們若能真正掌握客戶的「內心世界」，並且將客戶的「心靈佔據」時，才能真正擺脫競爭者的糾纏。

　　業務員通常無法改變客戶的自由意志，但他可以改變客戶的「購買偏好」；這裡面我們把自主權交給客戶，而把建議權抓在手上。前面我們提到競爭者會「趁虛而

入」，其實是兩種狀態的「虛」，千萬別混淆誤用。第一種「虛」是指：客戶對我們充滿著疑慮；第二種「虛」是指：客戶對我們充滿著期待。

如何滿足客戶對我們的期待及破除對我們的疑慮呢？我們可以用一張年度「雙方合作意向表」（見表3-5），來當作未來一年客情維繫的「行動指南」，最好可以請雙方高層共同參與背書。會議流程則如圖3-10。

任何計畫制訂後，對於「成果指數」的自我評估很重要，譬如「切身感」的行為模式為何？怎樣創造適度的急迫感與安全感？成就感要靠什麼來維持？等。而自我評估

表3-5　合作意向表

顧客指定：	關鍵需求：	產品價值：	顧客關係：	目標客層：
	行動方案：		關鍵課題：	
顧客疑慮與痛點：			客戶期待與渴望：	

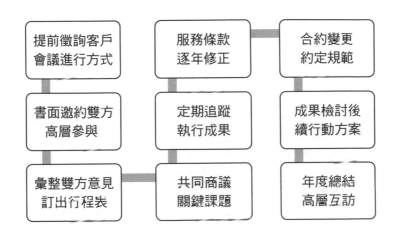

圖 3-10

　　就是對於未來想要達成的目的，事先經過思維、態度、行為、成果的檢定（可參見表3-6），以降低可能的「半途而廢」。

　　凡越有價值的客戶就越需要用心經營，因為客戶的一切「得來不易」，所以業務員想要得到客戶的認可，也應該會「得來不易」。若想維繫好客戶，就必須先練好下列十項業務基本功（見圖3-11）：

　　1. 目標市場拜訪率：找出成功的拜訪量能，不斷複製演練。

表3-6　自我評估

自我評估	客戶	業務	公司
思維	• 要找信的過的人 • 誰能讓我放心	• 把客戶擺第一 • 相信自己	• 年度目標必須達成
態度	• 開放中選擇 • 和平相處	• 客戶有事，就是我 有事 • 放下自我	• 誰做的好就提拔誰
行為	• 要求兌現承諾 • 不斷考驗業務員	• 找出彼此的共同點 • 感謝客戶給的機會	• 要求團隊紀律與合 作
成果	• 承諾兌現比 • 問題處理率	• 客戶指定度 • 客戶轉介度	• 有貢獻，且能產生 長期競爭力

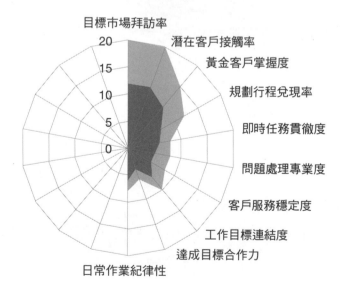

圖3-11

2. **潛在客戶接觸率**：每月進行有計畫性的開發行動。

3. **黃金客戶掌握度**：不錯失和大客戶一起成長的機會。

4. **規劃行程兌現率**：至少達成原計畫行程的65%。

5. **即時任務貫徹度**：提早完成客戶重要緊急的任務。

6. **問題處理專業度**：用專業流程及操作手冊解決問題。

7. **客戶服務穩定度**：客戶分級、服務分級。

8. **工作目標連結度**：習慣以每月工作清單運作。

9. **達成目標合作力**：以團隊協作為主，個人行動為輔。

10. **日常作業紀律性**：嚴格執行每日任務，達成每週成果。

常見到業務很努力但客戶不滿意；客戶願意給機會，但結果客戶很氣結，業務卻很氣餒。其實業務工作本質上就是個「零和競賽」，如果你很優秀但碰到的競爭者很卓越，那就還有改善的空間。但必須用對方法，並且要不斷提升功力火侯，才能日臻卓越。以下整理七個維繫客戶的

關鍵技巧,以供參考:

1. **寒暄式提問**:(1)快樂記憶;(2)關心話題;(3)未來期許。

2. **分享式交流**:(1)產業趨勢;(2)案例解說;(3)客戶觀點。

3. **圖表式說明**:(1)交易分析;(2)商機介紹;(3)合作模式。

4. **聽問式溝通**:(1)向他請益;(2)重複重點;(3)產生共識。

5. **方案式建議**:(1)方案分析;(2)具體建議;(3)客戶意見。

6. **教練式指正**:(1)假設情境;(2)建議演練;(3)給予回饋。

7. **行動式計畫**:(1)具體行動;(2)明確分工;(3)成果檢驗。

如何培養業務成為組織的領導者

　　別讓人生輸給「機會」，這是業務生涯中一定要學會的「硬道理」。假如公司毫無預警地要升你為業務主管，你會閃過什麼念頭？你會問什麼？而這機會怎麼來的不重要，重要的是你如何面對這突如其來的機會，不管是選擇或放棄這個機會，都要「乾脆」，因為「乾不乾脆」都無法在當下被印證。

　　工作的本質有兩個：(1) 對別人有貢獻；(2) 自己感覺有價值。所以職務上的晉升不只是晉升，更是公司給你的寶貴禮物，也是一種難能可貴的經驗累積。至於順不順遂則是「時間」說了算。

　　要培育一位領導者，他要經歷三種模式的歷練：(1) 根基模式；(2) 心智模式；(3) 技能模式。另外要進行三階段的檢核，分別是：(1) 根性健康度；(2) 績效健康度；(3)

職能健康度。分別說明如下：

    1. **根性健康度**：言行操守、道德、忠誠表現、信守承諾等。

    2. **績效健康度**：目標達成、客戶升級、專案表現、業務效能等。

    3. **職能健康度**：目標傳達力、教育訓練力、工作檢核力、運作專業力、激勵成長力。

    若要挑出三位儲備主管，可以採兩階段「競賽＋獎勵＋淘汰」。其目的在於激發參與者的「企圖心」與「自尊感」，同時公司也因「慎重其事」而得到成員的「崇敬心」。此外，參與者因為要「過關斬將」，學習效果會提升50%，這才能看到每位成員的「真正潛能」。很多事情就是因為「不夠正式」而產生了「忽略行為」，最後也得不到所要的成果。

    透過篩選、競賽、獎勵、淘汰，進行第一階段的「根性健康度」檢核（可見圖3-12）。

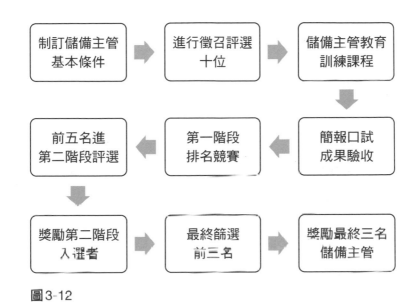

圖3-12

培育階段	思維型態	態度要求	行為表現	績效考核	晉升作業
優秀業務	自我成長	信賴團隊	投入工作	排 Top 5	講座分享
儲備主管	超越自己	自願承擔	幫助團隊	排 Top 3	教材編寫
代理主管	自我驅策	輔佐成事	輔導新人	人均產值	營運月報
單位主管	實現自我	忠誠職責	提升產出	月均產值	年度計畫
部門主管	共同成長	勇於任事	做出貢獻	年度成長	預算編列

圖3-13　根基模式訓練架構圖

接下來這三位儲備主管開始進入第二種「心智模式」
訓練。訓練的重點是將AOP（年度計畫）→DMI（日常
管理指標）→JIP（工作改善計畫）→KPI（績效考核指
標），進行「心智九宮格」訓練（見圖3-14），說明如
下：

- 知道目標：學習目標設定的「聚焦、細拆、扼要、
  綿密、持穩」流程規劃。
- 知道意義：清楚描述「目標、任務、成果、績效」
  對團隊過去、現在、未來的影響。

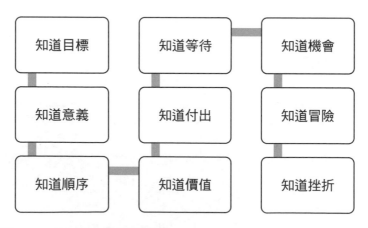

圖3-14 「心智九宮格」訓練

- **知道順序**：將任務的執行化成清楚的日、週、月工作清單。
- **知道價值**：能夠將成果轉換成團隊及個人的競爭力。
- **知道付出**：可以迅速地將目標拆成有效的行動及行程規劃。
- **知道等待**：根據任務所做的「重要性分級」來處理時程。
- **知道機會**：依據內外在環境的變化，進行必要的篩選、增加、刪除。
- **知道冒險**：只要是有共識的目標，至少要執行三次以上才討論是否繼續前進。
- **知道挫折**：只要成果未達80%，都要深刻檢討，進行必要的賞罰。

　　任何訓練盡可能都公開「起點進度」及「終點距離」。所以到了第三種技能模式訓練時，可以公布前兩種模式的訓練成果，更重要的是與儲備主管們討論，要如何追上達標進度，並且要求儲備主管公開說明他的「訓練

週記」。

　　第三種技能模式訓練，是一種從目標設定到完成執行績效的行動訓練。

圖 3-15 「技能模式」訓練看板

　　所謂「千軍易得，一將難求」，好的領導者，不但自己要會做，還要會「教」，然後你才能「交」。而且能教導別人成為將才的人，才是「真將才」。過去很多傑出企

業在選擇接班人時，都會要求該接班者，要訓練他的繼任者才得以晉升，這是一個不錯的培養將才的模式。

　　多數的中小企業無法「基業長青」，究其原因就是苦於沒有優秀的繼任者，所以一旦過了「天時地利人和」後，就失去「即時競爭力」。本節開始提到的無預警升職者，還好他選擇接受挑戰，終於在主管的層層保護及「垂簾管理」下，有了「一夜式成長」。這是我過去身邊的真實案例，雖然有驚無險過關，但也讓主管們嚇出一身冷汗，因為他只到職一個月，而原團隊卻集體跳槽了。

3-6 如何教導業務降低客訴，提升客戶滿意度

　　只要客戶有抱怨，主管在四小時內登門道歉，並許下「具體改善承諾」，這就是體現客戶最在意的重點：「置身事內」的感受與「身處其中」的處理。過去曾目睹一位客戶在通訊行跟老闆爭取剛過保固期六天的手機能不能免費維修，最後看著他失望地離去，大家都無言了。

　　現在是「客服至上」的時代，也是「服務業精神」的時代。所以服務業要學習「逆向思維」，也就是讓客戶感覺「佔便宜」的思維；另一個角度則是拿長期的「價值」來交換短期的「利益」。大企業都在苦心鑽研如何得到客戶的「心佔率」。而心佔率則要從下列六道題去塑造（見圖3-16）：

　　1. **顧客困境**：事先規範具體明示，並教導如何防止問題發生，以及承諾改善現狀。

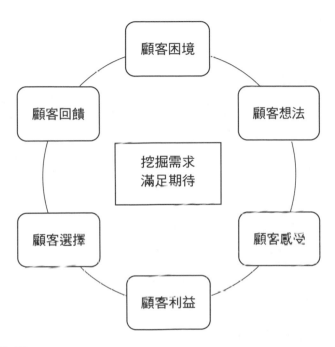

圖3-16

2. **顧客想法**：利用正式詢問，瞭解客戶的想法與認
　　知。

3. **顧客感受**：關懷客戶「害怕」的感受，給予實在的
　　「保障」。

4. **顧客利益**：用「正當」的方式給出顧客「看重」的
　　利益。

5. **顧客選擇**：幫助客戶提出洞見，並減少「不可能」的比例。

6. **顧客回饋**：接納客戶的批評與指教，並得到再次服務的機會。

「業績跑很快，服務跑很慢」是業務員常犯的盲點。若「業績可能的機會」和「服務的關鍵時刻」的天秤（見圖3-17）嚴重不對稱時，業績自然會跌落低谷，所以屬於公司客服外的「業務服務SOP」就需有系統的訓練和要求，而不是讓業務自由發揮。因此每月的業務服務工作清單，可依據分析客戶訴怨類型後，產出：提升「客戶滿意度」＝「服務延續＋客戶引薦－客戶訴怨」的公式。

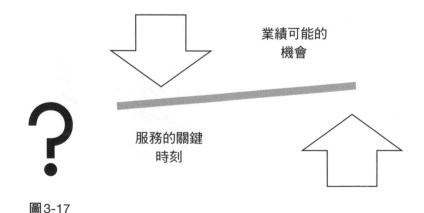

業績可能的
機會

服務的關鍵
時刻

圖3-17

補充資料

表3-7

每日（任務）	每週（成果）	每月（績效）
1. 客訴個案分析	W1：客服延續＋20%	1. 服務延續率
2. 整理客戶意見	W2：客訴降低－30%	2. 客戶引薦率
3. 提出修正SOP	W3：客戶引薦＋10%	3. 客訴遞減率
	W4：客戶引薦＋20%	

　　業務員是公司對客戶服務的「前鋒與後衛」，其職責在增加「客戶互動率」及降低「客戶訴怨率」。顯而易見的是，多數的業務員只是在做「被動式」的解決訴怨，而不是積極創造更多與客戶互動及服務的機會；其最重要的目的，則是利用與客戶互動中建立「信賴」與聽取「寶貴意見」。所以業務員在客戶服務上要善用I-C-R-S（即Interaction：互動；Continue：延續；Reduce：降低；Satisfy：滿意）服務模式（見圖3-18）。

　　業務服務在意識上受到重視，但在公司裡，卻沒有得到應有的「名利」。雖然有些客訴也因為造成巨大損失，而引起不小的波瀾，但在震天價響後又歸於風平浪靜了。

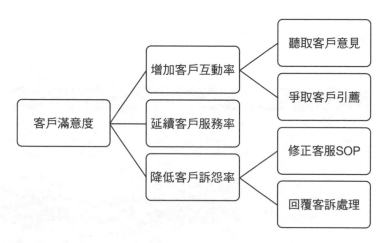

圖3-18

解決客戶訴怨,若不能滿足客戶期望與符合公司長期利益,就失去服務業的精神意義,可惜之至。

我在這裡不太贊成公司與客戶的唯一橋樑只有業務員,但很多企業卻這樣認為:業務員長期接觸客戶,所以瞭解客戶的運作與需求,因此當客戶碰到問題產生客訴時,所有人都跳開了,讓出一條路等待業務員去處理。最後業務員在不想得罪客戶的情況下,回到公司「義正詞嚴」地「綁架」公司去解決客戶的需求,此事甚多。

企業最好將服務分成「公司責任」與「業務員責任」兩項來規範運作。業務員責任簡單地講就是「觀前

顧後」、「看頭看尾」，舉凡可以避免產生客訴的行動任務，皆由業務員為之；等到公司按流程處理而無法獲得客戶接受時，也要業務員出面解決。但以往經驗業務的善後經常是「不善不後」。

所以企業應該好好跟重要客戶談定契約式服務條款，而業務員只是「使命執行者」。另外針對一般客戶，則由公司負責百分之百的產品技術、維修、更新、操作等硬體處置責任；而業務員則擔綱服務協調員及服務教練的角色。於是乎，業務員的工作職掌及任務就變成圖3-19所列出的責任。

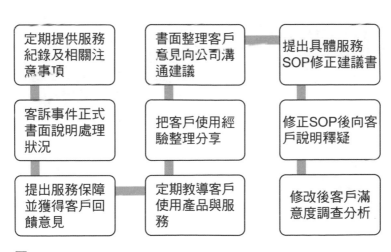

圖3-19

　　「成也業務，敗也業務」，這句話點出了企業主埋藏已久、「不見天日」的心聲。所以多次在輔導企業時，常聽到企業主的哀嘆：「好的業務難尋，差的業務難送。」此時，最好的做法就是進行服務任務的分工，並加強其執行SOP的技能，同時納入業務年度績效考核的重點項目，且比重至少佔20%以上（服務延續率＋客戶引薦率＋客訴遞減率）。

如何訓練業務溝通表達技巧，提升說服力

常聽人說：「好言一句三冬暖，惡語傷人六月寒。」尤其是業務工作者，更需要設計自己的溝通方程式，並不斷去豐富它的內涵，譬如「建立好關係＝故事＋誠懇－傲慢」、「導引好觀念＝理想＋熱忱－主觀」。

業務員第一次拜訪客戶時，所要做的是「理解客戶」。當年我還是菜鳥業務時，第一次拜訪大客戶，他接過名片第一句話說：「你們公司常常會換人喔。」我回說：「我至少會做三年，除非老闆不支持我。」客戶說：「你很會說話。」但其實我只是想「消除客戶的疑慮」，並且說出「真心話」而已。

凡是越容易做的事，就越容易被認為不重要。許多業務員經年累月業績不好，卻常常怪東怪西，但假如問他應該要加強哪些技能？卻有80%的業務員會提到「溝通技

巧」。這種矛盾情結，其實是反映了人性中的「惰性」與「自以為是」，還有找不到學習方法的「無所適從」。

有一次客戶告訴我說：「當你溝通技巧不好時，你最重要的武器是『真誠』。」經過多年我仍然遵循客戶的忠告，同時也將此傳給身邊的同仁或好友，真誠雖不是最有力的攻擊，卻一定是「最好的防禦」，而這其中的精髓在於：(1)用心鑽研；(2)刻意練習；(3)就教高明。溝通技巧更不會是例外。

從失敗中學習是每個人都曾有過的經驗，但有經驗不一定有能力。若要將溝通表達能力轉變成核心競爭力，就非得下足苦功及有高人指引不可。在業務的領域裡，溝通表達力的訓練可從：(1)五個步驟；(2)六個行動；(3)七個階段；(4)九個練習，來學習精進。

所謂的溝通五步驟（見圖3-20），是指：

1. **說明目的**：能為現在及未來創造價值與有利影響的一段話。

2. **溝通理由**：可以讓雙方的長期利益產生共識的幾個要點。

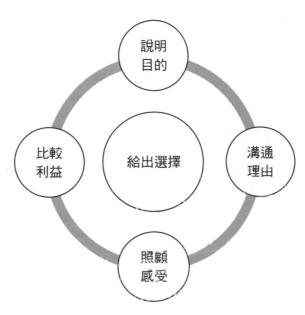

圖3-20 溝通五個步驟

3. **照顧感受**：互換角色，並顧及立場差異所造成的情緒影響。

4. **比較利益**：運用數據比較關鍵性指標後的最終效益。

5. **給出選擇**：用討論及交換的思維找出可行的方案來。

　　一回生，二回熟，三回巧，四回精……這是萬事萬物的演化過程。不管生疏或熟稔，都無法停止精益求精的追求，就像每一個世界冠軍那樣永遠都在「競技場」跟「練習場」上。接著展開溝通表達的六個行動的學習，可參見圖3-21和表3-8。

　　方法與原則可以參考與練習，但它只是骨架，必須有血肉加入才能完整，也就是必須軟硬體兼備才行。曾經有

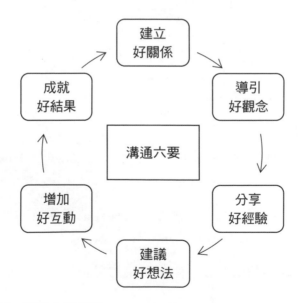

圖3-21　溝通六個行動

表3-8

溝通六個行動	開始	中間	結尾	提醒
1.建立好關係	讓客戶說故事	傾聽與提問	加入肯定共鳴	避免過度主導
2.導引好觀念	讓客戶說理想	探索與追問	陳述學習心得	避免人身攻擊
3.分享好經驗	讓自己說挑戰	請益與回饋	列舉成功經驗	降低個人利益
4.建議好想法	讓自己說使命	呼應與提議	參考成功案例	避免光說不練
5.增加好互動	讓自己說感動	贊同與肯定	約定交流方式	避免輕諾寡信
6.成就好結果	讓雙方說夢想	計畫與實踐	安排共同成長	避免有始無終

一個交易許久的忠實客戶，因為業務員的無心「輕諾」，而認定其為「寡信」，所以暫停交易。直到主管換業務員經營才又恢復來往，但「信任感」已遭受重大打擊。其罪魁禍首就是溝通時的言詞認定偏差所致，應引以為戒。

溝通時會產生誤會是在所難免，但有50%以上是被「形容詞」所害，因為不是每個人都會帶著字典來溝通，但即使有字典，也不免會各自解讀。所以會教導業務員在與客戶溝通時避免使用形容詞，而最終的決議，更要再三確認，以雙方共同理解的言詞為之。接著來談溝通L-U-I-D-S-E-C的七階段（見圖3-22），說明如下：

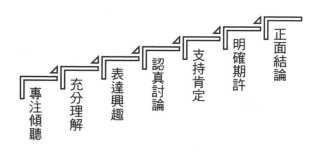

圖3-22 溝通L-U-I-D-S-E-C的七個階段

1. **專注傾聽（L）**：認真傾聽並做紀錄。

2. **充分理解（U）**：用自己的話語來表達理解認知。

3. **表達興趣（I）**：持續追問細節並穿插贊同語句。

4. **認真討論（D）**：公平討論重要議題，並確認決議
　　　　　　　　　 共識。

5. **支持肯定（S）**：陳述重點並得到回饋與支持。

6. **明確期許（E）**：誠懇地說出自己具體的期望。

7. **正面結論（C）**：正面的結語與待辦確認。

上述的溝通七階段，團隊可以一起來練習。主管可以
針對待結案的業務案件進行群體討論與練習。每個案例都
經過七個階段的「集智演練」，可以幫助該負責業務員瞭

解自己在溝通表達上的缺失。最後就是九個練習，這是最難的也是最重要的練習，應列為終身學習的科目。

業務溝通說服力的九個練習（見圖3-23），是指：

1. **寒暄式提問**：(1)問到優點；(2)求證事實；(3)溫暖情境。

2. **分享式交流**：(1)有根據；(2)說重點；(3)給人領悟。

3. **顧問式溝通**：(1)問出盲點；(2)聽到關注；(3)表示感謝。

4. **數據式說明**：(1)有順序帶著想；(2)明確導讀數據；(3)指出差異。

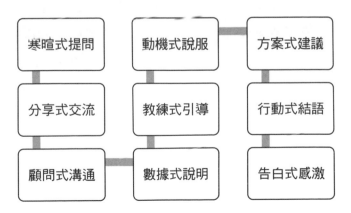

圖3-23　溝通九個練習

5. **教練式引導**：(1) 教導方法；(2) 印象重整；(3) 需求
歸因。

6. **動機式說服**：(1) 鼓勵找對的答案；(2) 完成心願；
(3) 幫助決策。

7. **方案式建議**：(1) 具體方向；(2) 可選方法；(3) 可行
方案。

8. **行動式結語**：(1) 拿出辦法；(2) 強調責任；(3) 安排
驗證。

9. **告白式感激**：(1) 收穫與心得；(2) 自我期許；(3) 兌
現承諾。

很多人說：「管理是門藝術，其實溝通更是一門藝
術。」想要讓溝通力日益進步，除了五步驟、六行動、
七階段、九練習外，最主要是要改變溝通上的「思考模
式」，也就是站在對方立場的「先利他後便己」的思維。
接下來你可以每天都跟客戶或同事進行溝通 Q/A 練習，參
考如下：

• Q：如果別人不願意和你談，你覺得是什麼原因？
　A：未得到信任。

- Q：你希望別人怎麼看待你？用文字寫下來！

  A：誠實可信。

- Q：你知道何時跟別人談是最好的時機嗎？

  A：愉悅或困難。

- Q：你知道用什麼方式跟別人談，才會產生好感嗎？

  A：讚賞與肯定。

- Q：彼此好感的關鍵在哪裡？

  A：理解與尊重。

- Q：你能為雙方提供什麼樣的溝通價值？

  A：看見機會與路徑。

- Q：如果別人拒絕你，原因為何？

  A：疑點太多。

- Q：你知道別人會用什麼方式試探你嗎？

  A：批評與冷漠。

- Q：你知道別人還有多少「不被滿足的需求」？

  A：比滿足的多十倍。

- Q：你知道別人未來的需求重點是什麼？

  A：期待與渴望。

- Q：溝通時你最大的壓力是什麼？

  A：沒引起興趣。

- Q：當你完成你的溝通目標時，別人的權利是什麼？

  A：提出異議。

- Q：你知道別人在做決定前，會有什麼徵兆嗎？

  A：反覆求證。

- Q：你是如何避免讓雙方出現負面情緒？

  A：不說負面及冷漠的語句。

- Q：你的溝通能讓別人感受到自信嗎？

  A：鼓舞人心的話佔80%。

- Q：當對方提出需求時，你的「真實回饋」是什麼？

  A：熱忱協助。

- Q：你的溝通說明有多好？怎樣練習的？

  A：讓自己深信不已。

- Q：你的提問可以讓客戶充分表達他的想法嗎？

  A：充分支持。

- Q：你每次都能聽懂客戶的需求與期待嗎？

  A：展現誠懇與興趣。

3-8 主管如何做好教育訓練，以提升業務團隊的業務職能

　　多數業務主管在業務領域上都是身經百戰的「個中高手」，但如何將「職能知識」化為「職能範本」，則是個很難實現的問題。有價值的事要用腦去想，用心去做，而學習者若能感受到訓練者的「真心」，他才會拚命去學，才會認真地「傳承」下去。

　　領導者大都會經歷「將兵、將士、將將」的過程。而教育訓練本質上是一樁「成就別人」的重責大任，你付出多少就會收穫多少，這是值得深信的「共好」。訓練者毫無保留地將「畢生絕學」貢獻出來，這是何等的贈與；而學習者在別人的經驗裡，生成「終身本領」就是最佳的回饋。

　　當自己的經驗知識被廣泛「傳誦」、「運用」，甚至「名揚四海」時，任誰都會有一股「非我不可」的衝動。

我過去的成功經驗，是公司把我二十幾份的業務職能範本
翻成英文，交付給澳洲、泰國、中國、印度合資公司做參
考，堪稱一生的代表作，與有榮焉。

　　一件事沒人想忽略它，卻不奈花時間等待，這就是為
什麼教育訓練是件「容易做但不容易做好」的困難事。其
中常犯的三個問題及有效的做法為何，列表如表3-9。

表3-9

問題點	參考做法	效益
• 公司習慣用短期效益來衡量教育訓練，所以變成「可有可無」或「有做就好」	• 高階主管輪流當講師及驗收官 • 中階主管當陪訓助教 • 前期學習者當示範員	• 中高階參與，可讓學習者提早認識及適應未來的管理要求 • 前期學習者「溫故知新」，並減少「一知半解」
• 訓練沒有放在「預防問題」，只重視如何解決問題	• 以實際問題當案例，向錯誤學習 • 每位學習者都要有自己的答案及建議	• 以實際案例為教材，可避免後進者「重蹈覆轍」 • 讓學習者從自己身上找到問題
• 只著重在看得見的技能改善，卻忽略態度行為的養成	• 學員要寫學習心得，並由助教批改反饋給學員 • 藉由心得寫作，提早發現心態及行為偏差問題	• 藉由學習心得面談，加強領導管理的雙向溝通 • 改變認知才能改變行為，最終形成自我學習

其他注意事項如下：

1. 先進行必要的教育訓練，再做組織及人事的變更。

2. 教育訓練的實施需先確認「職掌與職能」是否要調整。

3. 召開訓練規劃會議，以決定訓練執行的「工作清單」。

4. 以「職能需求」作為教材編製的基礎範疇。

5. 慎選「職能高手」擔任講師，並給予適當的獎勵與榮譽。

6. 每一階段的訓練都需測試驗收學員成效，並公布成績。

7. 可採「認證式」系列課程，由講師團交叉評定是否通過。

8. 每日編寫「職能範本」，並即時動態修正。

9. 學員是主角，講師是「給予者與陪練員」。

10. 教育訓練以年度目標來展開，如圖3-24。

教育訓練是一種「腦袋投資」，也是最有價值的投資，但唯一不同於各項財務的投資，是要「立馬做」、要

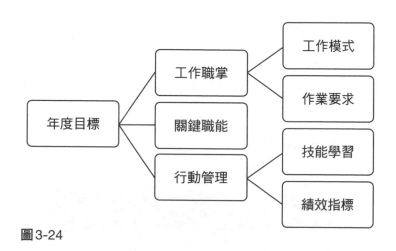

圖 3-24

「快狠準」。教育訓練更適合來長期培養具備「教育心理學知識」及「教練技能」的講師群，並且制訂各種學習模組來教導學習者真正把事情學會。下列舉一學習模組（見圖3-25）來做說明：

1. **目的陳述**：具體陳述所要達成的目的及其價值。

2. **理由事實**：為目前的狀態提出可行的改善點。

3. **重點提示**：執行的要項及順序步驟的規劃。

4. **作業流程**：打順所有的停滯，縮短人員溝通的失誤。

5. **績效指標**：運用明確的驗收點，來避免走歪的錯誤。

6. **注意事項**：提醒人性的弱點，並且從重要處著手。

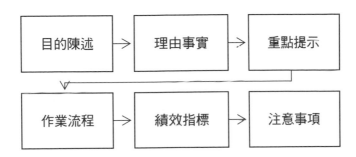

圖3-25

　　企業訓練的成效，有三項重要的指標是：(1)教育訓練公費佔比；(2)學員學習作業報告頁數；(3)主管面談學員總時數。說明如表3-10。

表3-10

教育訓練成效指標	解析重點	建議調整基準	影響的變數
1.訓練公費佔比	不花錢會影響學習效果，因為沒壓力	建議80：20（公費比）	訓練要有參與感與樂趣的設計
2.學員作業頁數	藉由作業提升學員轉化，並融合到日常運作	每項主題至少五頁	作業要有評選及獎勵措施，或重寫要求
3.主管面談總時數	主管參與可提升重視程度及發現訓練問題	每位學員至少三次，每次一小時，並有紀錄	主管面談是否協助學員成長

　　教育訓練必須涵蓋五大套路、七大步驟來進行。五大套路是指：(1)重視定義；(2)原則探討；(3)推論延伸；(4)歸納演繹；(5)觀點陳述。這樣的學習套路可以讓學習者反覆驗證過去自己的習慣，並且找出自己的盲點。而七大步驟則如圖3-26所示，說明如下：

　　1. **訓練準備**：課程主題、講授方式、教材工具、練習作業等。

　　2. **參與條件**：以現有人才中上條件，來作為篩選及參考標準。

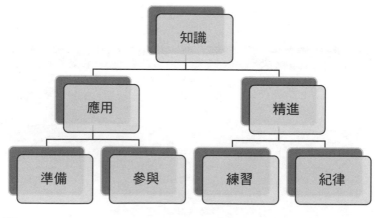

圖3-26

3. **作業練習**：訓練前公開遴選作業題庫，當場抽籤決
　　　　　　　定。

4. **紀律規範**：出勤率、作業繳交、分組討論的學習戒
　　　　　　　律。

5. **實務應用**：練習主持專案進度會議。

6. **精進學習**：區分初、中、高級學習班，有測驗及升
　　　　　　　降級規則。

7. **知識萃取**：每梯產出一份集體學習報告（二十
　　　　　　　頁），三個月後完成。

　　學習是一項看不見、摸不著的績效指標，但它卻攸
關著所有企業每個績效指標達成的結果。常有主管抱怨
說：「人員素質差，老是教不會。」這樣的感受可以理解
但無法接受。請拿出真心、用心、耐心和決心來，有教就
有進步，就怕你不動、嫌麻煩，甚至懶惰。其實「教學相
長」，教導者的付出，終會有收穫的，始終相信教育訓練
這檔事是「不是不報，只是時候未到」。

學習摘要

本章的重點	行動方案	自我獎勵
1. 2. 3. 4. 5.	1. 2. 3. 4. 5.	1. 2. 3.

	分享對象	
	1. 2. 3.	

第四章

銷售制度
銷售資源決策流程與系統

4-1 如何增進客戶忠誠度，提升整體市佔率及獲利

4-2 如何優化業務流程SOP，提升成交機率及忠誠度

4-3 如何進行客戶分級、業務分級、服務分級

如何增進客戶忠誠度，提升
整體市佔率及獲利

　　若只想拿著產品去找客戶，不如找到對的客戶給他要
的所有產品。這樣的經營邏輯「好說不好做」。而一張經
營架構圖就是決定市佔率及獲利的路徑圖（見圖4-1），

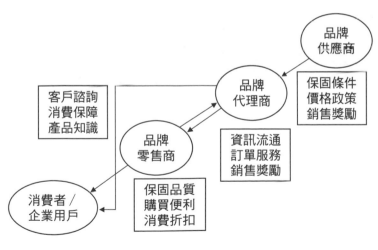

圖4-1

　　根據這張圖可以展開如何強化客戶「忠誠度」與「信任度」的年度計畫。

　　產品規劃在很多公司不是被忽略就是不知從何做起，多數是老闆決定，或業務建議，或客戶推薦，這種「市集式產品規劃」是無法形成有效的「硬實力」。所以自即日起從做好產品規劃開始練功，並將產品規劃內容進行強力的內外溝通、運作、檢討。

　　一個產品的誕生也許經歷多次失敗、多人不看好，但唯一看好它的研發者，就是希望大家看見他的「用心良苦」與「努力不懈」。這份熱血靈魂，非常值得拆解注入銷售團隊中，但首要任務是訓練銷售團隊成為「類產品規劃者」而非「產品銷售者」。

　　成功的企業會把業務經營的重點放在客戶「信任度」及「忠誠度」的經營上，而最佳的策略就是深耕現有客戶。只要是客戶不認同的產品與服務，就要放棄而不讓它形成「不良口碑」。日本的獺祭清酒、星巴克咖啡、蘋果公司、台積電等，都是長期用心經營而獲得消費者的肯定與青睞。

補充資料

★六大產品規劃基本功

表4-1

項目	目標與關鍵成果（OKR）	行動管理系統（AMS）
產品規劃	• 新產品三十天成交率20% • 總庫齡九十天 • 產品壽命二年	• 銷售數據蒐集 • 整理數據（年度計畫KPI）
供應商篩選	• 產業品牌指定 Top 3 • 來往合作年齡五年	• 供貨量能預估（8～12週） • 生管及品管數據改善
通路布建	• 客戶關係滿意度成長10% • 年度汰換率5%	• 創造來客數 • 「營益率」變動
定價策略	• 總毛利額成長10% • 價格接受度60%	• 客戶再購率 • 價格變動率
銷售訓練	• 業務二十一天銷售成長20% • 訂單成長10%	• 業務員業績達成率 • 業務員年度業績成長率
售後服務	• 重修率低於1% • 客戶指定率成長10%	• 客訴率追蹤

　　「接觸率等於信任度」。當客戶對公司的接觸率升高時，就是業績可倍增的最佳時機。這時可檢視產品組合、業務能量、研發進度、行銷活動等是否要進行調整、強

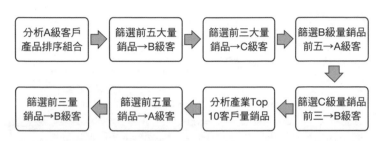

圖4-2

化，而業務能量部分，則如圖4-2「由內而外」的產品銷售「倍增距陣」開始啟動。

「感覺值得」是企業不可不知的銷售趨勢，誰掌握了消費者的需求及追求，誰就能創造業績。所以企業應捨棄低報酬率產品，轉而用心投入高報酬率產品組合，這時重新排序「消費者青睞」，便成為銷售重點所在。但不要冒然改變，而是先在內部「練兵」。

年度業務計畫設定前，應先研究產業競爭條件下，公司相對競爭定位。經過縝密研究分析後，找出最有利公司核心競爭力的營運策略。以下表4-2所列的案例，是一家技術領先但其他尚需努力的企業的產業競爭相對能力分析表，以供參考。

表4-2　產業競爭相對能力分析表

產業競爭	公司	CP1	CP2	CP3	營運策略思考
技術	1	3	2	4	● 目標：產品及價格排第三
服務	2	3	1	4	● 理由：通路影響80%業績
通路	3	2	1	4	● 重點：與Top 2通路合作 ● 流程：S-S-P-D-C-A-S 　　　 KPI：1.規格領先
價格	4	2	3	1	2.服務創新 ● 注意：選對市場與客戶
產品	3	2	1	4	緊盯CP2價格調整

　　經過產業競爭相對能力分析後，公司應更聚焦哪些產品與服務、哪些產品應汰換，或哪些是產業內「非我不可」的技術與能力，這些都需通盤檢討→排好順序→逐步強化。最終是審時度勢，量力而為。業務銷售不敗的經典指標是：「客戶忠誠度」，舉例來說，就是業績若衰退20%，成交客戶數、成交品項零衰退的意思。

　　站在消費者的角度思考，什麼才是他們願意付出「忠誠與信任」的產品與服務呢？公司可以每隔半年就來討論十道「由下到上」的自我檢測題：

1. 對客戶的信念是什麼？

2. 有什麼獨特能力吸引客戶？

3. 哪些行為會造成客戶的誤解？

4. 想得到客戶最具體的認同是什麼？

5. 假如我是客戶，公司應該還要改善什麼？

6. 客戶的信任度要怎麼提升？

7. 如何讓業務員成為客戶的經營顧問？

8. 如何讓客戶對新進業務員產生信任？

9. 如何提升客戶對公司的指定度？

10. 如何建立新客戶對公司的忠誠度？

經過自我檢測以後，應立即規劃動員，制訂符合時宜的忠誠指標，並納入年度計畫的重點任務。

補充資料

表4-3　企業需列為客戶忠誠度表現的七項指標

客戶忠誠度項目	日	週	月	備註
1. 6個月客戶指定度	✓			報價即接單表現
2. 3個月客戶成交率	✓			客戶連續3個月成交
3. 12個月客訴率	✓			12個月客訴消長
4. 新產品成交率		✓		新產品80%採購率
5. 呆滯品出貨率		✓		庫存品訂單
6. 行銷活動配合度			✓	活動參與率80%
7. 年度業績成長10%			✓	客戶深具潛力與忠誠度

4-2 如何優化業務流程SOP，提升成交機率及忠誠度

SOP若無法「一眼看出」要怎麼開始、要怎麼結束，便有重新拿來討論和優化的必要，不管它是針對資深同仁或新人，都一樣。其實SOP似乎最不適合業績很好或很差的同仁，因為這兩類族群的業務，根本就不容易用SOP來要求運作。一個優秀的業務員他會超越SOP；而績差業務員則會遠低於SOP的基本要求。

成交機率，來自於業務員善用優勢、互惠原則、創造雙贏、協商成果的一連串行動量能；而客戶忠誠度，則來自於業務員帶給客戶在購買使用過程中的方便、舒適、快樂的交替影響。這其中的祕訣則在於好的「刻板印象」的形塑。

有位移民到美國的父親，為了想一圓當上高中籃球校隊教練的夢想，他開始對他的女兒展開自主訓練，以便證

明他的教練實力。但他女兒不擅長打籃球,於是他分析若
能讓她「體力倍增」,在場上時不斷全場緊迫盯人,也可
以提升整體勝率超過50%。最終他是靠「干擾對手」來贏
得勝利,這就是SOP優化的成功關鍵——從「核心能力」
出發。

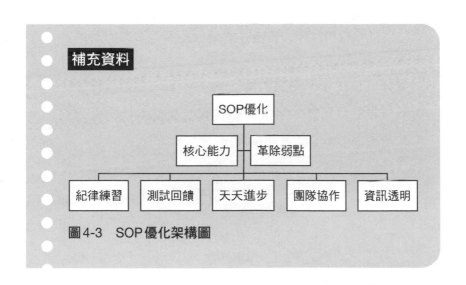

圖4-3　SOP優化架構圖

　　SOP的執行要思考三項關鍵因素:(1)SOP與公司核
心能力是否吻合;(2)SOP是否能產生立即效果;(3)SOP
是否與業務員的績效獎金緊密連結。這些攸關著業務執

行者怎麼解讀SOP對他的利益與影響。業務員最在意的
是，如何按照公司的SOP及自己的方式達成可以拿到的
績效獎金，所以一旦他發現若按公司SOP卻不能有好的
成果，業務員就會出現「行為傾斜」，而且會快速互相效
仿。

　　針對SOP的規範，應以業界頂尖公司的做法為標
竿，而不只是讓公司所謂的頂尖業務員自由發揮，也不是
老闆用自己創業以來的「自由搏擊法」為依歸。除了仿效
業界好的SOP外，更要不斷記錄、分析、萃取、改變、
更新SOP的實用性。以下七個要點（見圖4-4），就是在
設計及優化SOP時的重要參考：

- **觀念啟發**：將SOP的「背景、原則、流程、檢核、
修正」，闡述到執行者不猶豫為止，並
且可以言傳下去，接受者也大致明白來
龍去脈，同時開始有自己的感受與心得。
- **態度引導**：讓每個人用相對的角度來看自己在SOP
中的行為表現，而且將兩者的差異逐漸
拉近到開始產生認同，也會拿這個態度
開始衡量自己與別人。

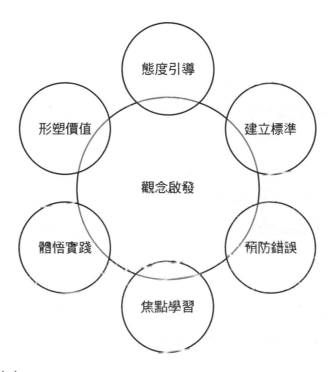

圖 4-4

- **建立標準**：在不滿足於現狀的情形下，找出「統一
　　　　　標準、統一語言、統一步調」的目標與
　　　　　做法。最重要是拿來內外溝通之用，並
　　　　　且可以以此來要求「自我成長」。
- **預防錯誤**：隨時注意那些無法預知的現象與結果，

調整如何面對變化，並立即反饋即時資訊，提供解決修正，因為防錯比什麼都重要。

- **焦點學習**：針對提升成交率的核心能力進行「二十一天的聚焦、細拆學習」，使之成為一種自動自發的習慣。而最好的學習方式則是公開學習心得供大家參考。

- **體悟實踐**：經過不斷地實踐，可以蒐集團隊的心得與成果，並透過競賽來精進。每一階段可以請重要客戶給予回饋與建議，以達客戶產生高度的「指定購買率」為終。

- **形塑價值**：業務員與客戶產生互信與依賴時，客戶就會出現高度的「指定與介紹」。客戶也因為業務員所提供的服務而獲利，這是「信任」帶給雙方的價值。

SOP在很多公司呈現「似有若無」的狀態，所以會出現三年業績不成長的情況，有時甚至超過三年。而在業務領域中最重要的SOP項目有表4-4所列的五項。

表4-4

SOP項目	SOP作業規範	行動管理系統	KPI
1. 新客戶開發建檔	1. 憑單作業 2. 債信管控 3. 客戶等級評定	1. 文件查核 2. 徵信作業 3. 客戶拜訪	1. 客戶成交率 2. 客戶忠誠度
2. 報價管理作業	1. 系統報價 2. 報價跟催 3. 報價更新	1. 價格核決 2. 合約議定 3. 報價量能	1. 報價成交率 2. 報價變動率
3. 客戶分級升級作業	1. 等級規格 2. 認證時序 3. 目標設定	1. B升A級 2. C升B級 3. D升C級	1. A級成長率 2. B級成長率
4. 客戶拜訪流程	1. 目標客戶 2. 交易條款 3. 客戶經營	1. 洽談紀錄 2. 二次拜訪 3. 客戶來訪	1. 客戶成交率 2. 客戶忠誠度
5. 客訴處理流程	1. 客訴登錄 2. 客訴派工 3. 客訴完單	1. 處理時效 2. 二次客訴 3. 完單處理	1. 客訴完單率 2. 客訴滿意度

　　SOP的執行與優化必須結合內部核心能力，以領先競爭者及滿足客戶期待為終極訴求。同時要在優化的過程中，注入不敗元素，諸如：

- 年度計畫制訂時，同步檢討SOP效能。
- SOP要持續蒐集客戶的反饋意見。
- SOP更新時，要做高強度的教育訓練。

- 針對SOP違紀者，不容寬待。
- 老闆及高階主管不得成為SOP的破壞者。
- SOP的優化必須簡單明確，減少人工來判讀。
- SOP應避免為少數眼前客戶量身訂做。
- SOP的優化可廣泛蒐集客戶及業務員的「現場經驗」。

4-3 如何進行客戶分級、業務分級、服務分級

　　傑出業務員會將客戶進行等級分類，針對不同等級的客戶提供不同程度的業務行為與服務。而每月的工作計畫，就是一套業務行為與服務的「解決方案」。頂尖的主管會把工作計畫設計成能「自動運轉」的行動系統，並且按照一系列的業務場景進行動態編輯。

　　客戶分級的本質內涵是業務的「達爾文法則」；而業務分級的本質內涵則是「業務判斷法則」，也就是業務員以符合公司最佳利益所採取的「目的行為」。這樣公司接下來所提供的服務政策才不受自家業務員及非目標客戶的「不當干擾」。

　　接著整個業務團隊要進行「認知重建」。因為業務員會行動力不佳，不但來自於信心不足，最主要還是沒有一套有效的業務「行動管理系統」。舉例來說，每個月的業

績目標,可以將它量化成五到七項行動數據:如月業績 100萬＝50V＋200C＋5D＋2PR(V:拜訪;C:電話; D:展示;PR:公關)。

　　一位新進業務員的培養難在於「理解力」及「自制 力」不佳所產生的不穩定;同時主管在面臨競爭時,容 易出現領導模式的「一變再變」,所以熬不過兩年的灌溉 期。而一套良好的行動管理系統,它能讓一位新進業務員 縮短學習時間,清楚知道每天要採取什麼行動、去哪裡、 見到誰、做什麼事、做到什麼程度,而且可以清楚變換 「其他行動」來補強現有行動效能的不足。

　　業務員每天的任務(內容及數量)必須在公司的客 戶關係管理(customer relationship management, CRM)系 統上可查詢,而不是人工的「自由行程」。其規劃步驟如 下:

　　1. 清楚定義目標客戶的規格及條件。

　　2. 設定客戶等級升降標準及考核作業流程。

　　3. 系統同步將業務五到七項行動「數據化」。

　　4. 系統即時更新CRM數據供業務員查詢。

　　5. 對業務相關單位進行「客戶分級」作業規範講習。

6. 業務單位根據客戶分級後，制訂「業務分級」、「服務分級」（不含公司服務條款）。

7. 服務分級公布於公司官網，並即時更新服務條款。

8. 每月統計比對檢討三項數據之效益。

9. 每年年度計畫制訂同時，重新檢討客戶分級經營藍圖（如表4-5）。

10. 將競爭者大客戶列單，由A級業務員列表專案開發。

表4-5

業務分級作業 1. 2. 3.	關鍵運作模式	產品價值	CRM分級	目標客層 1 過去 2.現在 3.未來
	行動管理系統 ● 新客戶開發 ● 客戶維繫 ● 服務分級		關鍵課題 A級成長？ B級成長？	
服務分級標準 （效益、競爭、創新） S1： S2： S3：			客戶分級標準 （產值、忠誠、潛力） A： B： C：	

在制訂客戶分級、業務分級、服務分級經營時，務必掌握具體化、數據化、行動化三大原則。每個公司可根據產業特性及競爭要素增減內容，目的是朝向提高競爭實力與門檻。

一、指導原則（參考版）

- 客戶分類的主要指標是交易額，以每三個月的平均交易額來作為主要評定指標。
- 客戶的等級不是固定的，原則上系統每月將進行一次評定，並自動更換客戶的等級資料。
- 在考慮客戶的發展潛力及交貨付款品質，或為了開拓市場及銷售策略需要，可提供越級的額外服務。

原則上客戶分級的標準每年根據銷售額進行調整，由業務部的部級（含）以上的主管核準。

補充資料

表4-6 客戶分級、業務分級、服務分級（B2B示範表）

等級標準	客戶分級	業務分級（by sales）	服務分級
A級	• 連續六個月成交100K • AR天數平均40天	• 近三年業績達成100% • B級客戶升級率30% • 達標排行業務前1/3	• 享有服務條款100%
B級	• 連續三個月成交50K • AR天數平均40天	• 近兩年業績達標90% • B級客戶升級率20% • 達標排行前1/2	• 享有服務條款80%
C級	• 半年交易3次 • AR天數平均45天	• 近三年業績達標80% • B級客戶升級率10%	• 享有服務條款60%
D級	• 半年交易1次 • AR天數平均45天	• 新進業務 • 前述未達標業務	• 享有服務條款40%

二、客戶等級的設定（作業準則）

- 根據客戶的成交金額，系統自動按分級標準設定客戶的等級。

- 業務員可根據客戶的發展潛力，在副理級（含）以上主管核準後，向帳管處申請，人工建立客戶的等級。
- 人工建立客戶等級的有效期可為一個月，後續由系統自動更新客戶等級。
- 人工等級設定或跳級服務，不能超過10%比例。
- 客戶等級設定後，市場營運之4P隨之變動（視產業、公司而定）。

三、客戶額外服務分級（範本）

為鼓勵優良客戶持續交易，將資源集中服務對公司貢獻較大的客戶，將按不同等級的客戶提供不同的額外服務，如表4-7的範例所示。

企業通常會把焦點放在客戶的「廣耘與深耕」上，而很少會去「汰劣」客戶，因此會累積一定比例的無產值客戶，導致佔據服務資源，但無績效產出。這些等級約定，盡可能在交易合約載明，並定期讓客戶明白其權利與義務。這部分也要將「服務回報率％」納入每個月營運

表4-7

經營服務項目	A級客戶	B級客戶	C級客戶	D級客戶	備註
1. 物流配送服務	✓	✓	✓	✓	
2. 銷售獎勵折扣	✓	✓	✗	✗	
3. xxxx資訊聯盟	✓	✓	✗	✗	
4. 物流指定送貨	✓	✗	✗	✗	
5. 30天～60天帳期提供	✓	✓	✗	✗	
6. 授信額度出貨	✓	✓	✗	✗	
7. 行銷廣告費用	✓	✗	✗	✗	
8. 展示機提供	✓	✓	✗	✗	
9. 參展費用補助	✓	✓	✗	✗	
10. 展銷計時人員支援（個案）	✓	✓	✗	✗	
11. 績優消費指定店	✓	✓	✗	✗	
12. 定期技術巡訪	✓	✓	✗	✗	
13. 教育訓練支援	✓	✗	✗	✗	

績效檢討中，不宜輕忽。同時出台停止交易條款（合約納入）。

四、客戶停止交易處理（B2B參考版）

- 定義客戶停止交易條款。
- 客戶倒閉或轉換行業。
- 客戶付款品質不高，系統自動鎖住，暫停交易。
- 因配合度問題導致不成交（制訂汰劣標準）。
- 若因付款品質不高，導致自動鎖住，需完成付款後，自動解鎖，再進行交易。同時參酌擔保及徵信資訊，決定額度之增減。
- 客戶在三個月內沒有交易，系統自動鎖定暫停交易，後續如再有交易，將按新增客戶進行作業，重新納入經營領域。

雖然企業激烈競爭而必須在經營上有所抉擇，但本著與客戶相互尊重，我們也應不斷提醒內部業務員及服務同仁要公平地善待客戶。善待的原則如下：

- 善待及尊重每家客戶，沒鄙視之心。
- 客戶經營本就是不斷求雙贏的過程。
- 對客戶最重要的，是得到他們的信任。
- 親近客戶最好的方法，就是「沒有私心」。
- 不需成為頂尖業務員，但要是受歡迎的業務員。
- 現在不夠顯眼的客戶也許並非一無是處。
- 儘管客戶討厭你，你也要克盡職責。
- 經營客戶本來就很傻瓜，直到客戶認同你。

學習摘要

本章的重點	行動方案	自我獎勵
1. 2. 3. 4. 5.	1. 2. 3. 4. 5.	1. 2. 3.

	分享對象	
	1. 2. 3.	

第五章

績效表現
業務團隊帶領

5-1 如何制訂週、月、季、年不同階段的業務計畫

　　制訂一項計畫需要有深刻的意義及可預估的完成度，此外最重要的是，要能連結團隊的「成就感」及個人的「自我實現」。在面對年度計畫時，要避免出現「大舉突破」之下的「半途而廢」。更重要的是要將整體及個人的行動力，做綿密且有系統的組合才會有效。

　　業務計畫要成功必須有三個條件及五個元素的搭配。三個條件是：(1)可控制性；(2)可預測性；(3)有指引性；而五個成功元素則是：(1)計畫七分飽；(2)任務拆至每小時；(3)有人做有人記；(4)1/2時間完成2/3；(5)二十里行軍原則。精髓說明如下。

一、三個成功條件

1. **可控制性**：計畫前先制訂五到七個行動規範，以避免各自為政無法連貫。

2. **可預測性**：60%已在預估內，以降低因無法預測的「自由發揮」。

3. **有指引性**：計畫前要有明確的「行動指南」，以避免因人員素質不一造成的混亂。

二、五個成功元素

1. **計畫七分飽**：預留30%空間來應對「內外」可能產生的障礙。

2. **任務拆至每小時**：每小時才可看見細小所帶來的影響與問題，並做適當的處理。

3. **有人做有人記**：找有經驗者試行，資淺同仁從旁記錄學習。

4. **1/2時間完成2/3**：這樣做的目的是為了逼出潛力或看到問題出在哪裡。

5.二十里行軍原則：事情不要做多，要做好，持之以
　　　　　　　　　　恆較能掌控績效。

　　有很多公司在設定年度計畫以後，覺得大勢底定，
所以採取「自主放任」。只顧轉身注意如何考核及計算
績效，卻缺少展開綿密日、週、月、季串聯的「執行系
統」，終至功虧一簣。特別提醒計畫後至關重要的四件事
（見圖5-1）：
　　1.工作職掌的調整：當年度目標改變後，就要進行工
　　　　　　　　　　　作職掌變更，但不宜超過20%。
　　2.運作流程的重制：評估去年績效與流程的效益關
　　　　　　　　　　　係，而需進行必要的重制動作。
　　3.重點事項的建立：流程重制就會帶來重點的改變或
　　　　　　　　　　　增加，可以參考標竿企業的做法
　　　　　　　　　　　來建立。
　　4.績效考核的系統：績效考核採取「滾動式」考核，
　　　　　　　　　　　考核資訊需即時公開。

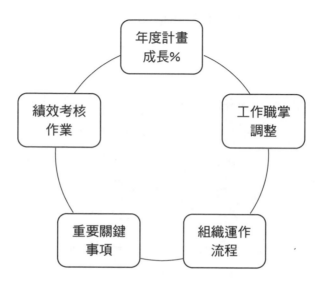

圖5-1

　　年度計畫的展開，原則上將客戶績效放在「週別」來
經營，而「客戶成交率」則列為首要指標。再將產品業績
放在「月別」來分析，而「產品品項成長率」則是關鍵指
標。最後將業務員置於「季別」來關注，因為業務的表現
以三個月的平均產值來檢視比較客觀。同時將焦點放在業
務「行動量能」的管控為佳。其架構圖如圖5-2。

　　設定不同階段的業務計畫是為了建立一套「既迫切又
有效率」的執行系統。不同產業其績效的產出模式有很大

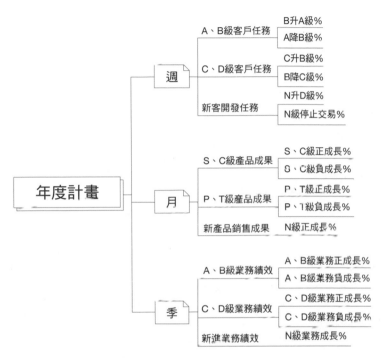

圖5-2

註：1. P（問題產品）：一般指新產品或「先好後弱」的產品。
　　2. S（明星產品）：目前公司競爭力最強產品，成長力道強。
　　3. C（金牛產品）：公司最穩定的長銷產品。
　　4. T（麻煩產品）：已經乏人問津的產品，呆滯情況嚴重。

的差異，但多數公司卻只定目標，不定行動計畫，或定的
不夠嚴謹。

　　以下介紹BPPIA計畫設定法則（見表5-1）。

表5-1

BPPIA 法則	週計畫	月計畫	季計畫	年計畫
背景 （background）	• 每週佔每月的%	• 每月佔每季的%	• 每季佔年度的%	• 年度預計成長%
原則 （principles）	• 刪除無效的20%	• 追蹤落後的20%	• 改善退步的20%	• 挑戰進步的20%
流程 （process）	• 每日3項任務 • 每日站立會議 • 每日一對一面談	• 每週改善1任務 • 每週達成1成果 • 週集體績效會議	• 每月完成2績效 • 每月刪減2任務 • 每月進步2成果	• 每季完成6績效 • 每季刪減6任務 • 每季進步6成果
檢核 （inspection）	• 3（DMI）	• 5～7（AMS）	• OKR＋3KPI	• OKR＋5KPI
修正 （amendment）	• 統計行動量能 • 提出行動支持	• 績優行動萃取 • 預測行動軌跡	• 調整行動替代率20%	• OKR增1項 • KPI減1項

註：1. DMI：日常管理指標。
　　2. AMS：行動管理系統。
　　3. OKR：目標與關鍵結果。
　　4. KPI：績效考核指標。

　　任何短中長期計畫，都需完整規劃出圖5-3所列的「四動作、五表格、六重點」來操作執行，才方能見效。

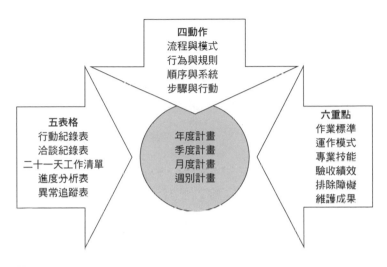

圖 5-3

　而且這也可以當作各種計畫的執行綱領,所謂的計畫人人
會訂,但成功與否就要看有無抓到重點。

　　現代企業競爭激烈,要攻守俱佳著實不易。若能透過
設定不同階段的工作計畫,來訓練對計畫展開及執行的行
動之規劃,同時不斷演練「團隊協作力」,絕對是最值得
的選擇與投資。下列五項原則,則是值得反覆著磨的關鍵
思考:

1. **1%成長原則**：只要每天進步1%，每季將成長N%。

2. **行動為王原則**：每日加強三項行動量，至少成長
   5%。

3. **行動交替原則**：計算每一行動效能，交相互補。

4. **標準拉高原則**：若達標高，則需將KPI提升10%以
   上。

5. **回饋獎勵原則**：目標以外至少再提三至五項特殊獎
   勵，鼓勵進步、效率提升、減少錯
   誤等額外獎勵，讓團隊不只追求數
   字成長而已。

5-2 如何制訂團隊目標KPI與個人績效KPI

　　團隊目標KPI的設定決定了一個團隊的工作模式；而個人績效KPI則牽動著業務員對工作的態度。用「人均產值」來制訂團隊KPI；用「月均產值」來規劃個人KPI，則是績效考核的最佳模式。

　　設定團隊目標KPI會體現在你的「團隊信念」、「團隊習慣」及「團隊價值」上。而其中的成功關鍵在於關鍵態度指標（KAI）、關鍵行為指標（KBI）、日常管理指標（DMI）到KPI的有效連結。所以重點不在怎麼設指標或設什麼指標，而是制訂指標後團隊在面對KPI時的態度和行為。而它將會成為團隊的資產還是負債？假以時日一定會得到印證的。

　　個人績效KPI的設置其實是在督促業務員不斷發揮自己所長，使之表現良好。所以KPI的考核不只看業務員是

否達標，還要看是否有具體貢獻，且毫無保留。團隊在設定KPI時切莫只看威脅不看機會，正所謂機會決定未來與選擇。

任何創造績效所要付出的努力和行動，皆非一蹴可幾，通常都需要不斷打磨累積而來，並且也都要經過長時間的訓練和溝通，才會逐漸露出曙光。其實KPI的重點不在於打分數給獎勵，而是藉由團隊及個人KPI的設置，讓團隊產生共識並找到對的人才。

所以不管是團隊KPI亦或個人KPI，它都必須得到信任與期待。沒有被尊重與相信的指標，大都經不起時間的檢驗，也無法帶來真正的成就感。所以在設定完KPI指標後，必須要信守以下的教戰守則，才能領略其中的成功祕訣：

1. 標準拉高永遠是對的。

2. 面臨績效落後時，不能輕易妥協。

3. 把重心設在可以驅使「追求卓越」上。

4. KPI最重的是不斷「累積動能」。

5. 工作績效是讓工作「簡單化」。

6.「保存核心及刺激進步」是重中之重。

7.讓成員隨時看得見自己的成果。

8.耐性和紀律是績效成功的兩扇門。

9.用心說明每一項KPI的「何去何從」。

10.建造「領悟、理解、實踐、改善、創效」的循環。

　　團隊KPI以「人均值」；個人KPI以「月均值」來訂定，都統一由客戶、產品、業務三個角度切入。過程中必須提供即時且正確的資訊數據來查詢檢視，並且制訂出統一、客觀的判定原則，不能添油加醋。圖5-4和圖5-5就

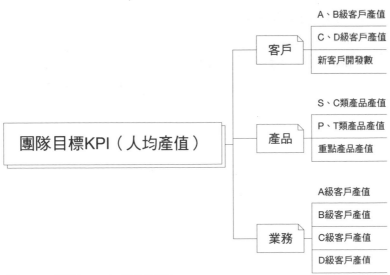

圖5-4　團隊KPI架構解析圖

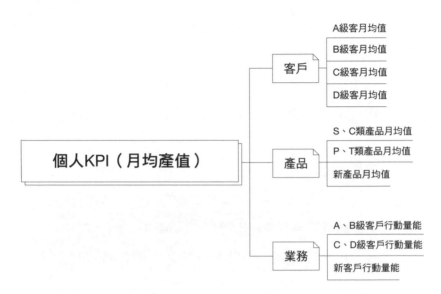

圖5-5 個人KPI架構解析圖

是團隊及個人KPI的架構解析圖，可作為參考。

團隊及個人KPI執行步驟，可見圖5-6和圖5-7。

針對KPI成功與否，仍有許多需注意的事項及功課要做，諸如：

1. 設置行動評估表。

2. 將問題分類量化。

3. 定期做軌跡分析。

4. 公布行動量能分析。

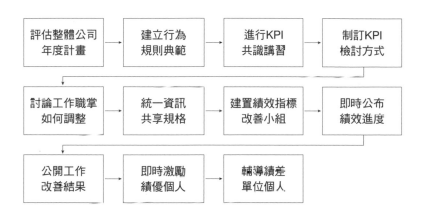

圖5-6 團隊KPI執行步驟

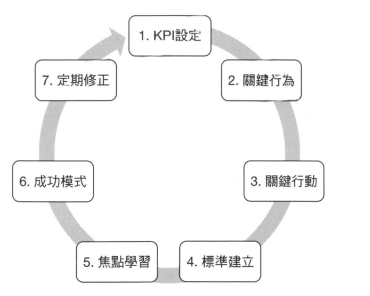

圖5-7 個人KPI執行步驟

5. 進行行動規律預測。

6. 及時提示成功運作模式。

7. 謹遵「先量後能、先簡後繁」原則。

8. 即時化解行動衝突。

9. 隨時記載行動備忘錄。

5-3 如何制訂業績獎金制度，建立業務成長機制

業務獎金之於業務員，像是將士身上的盔甲。一旦穿戴上身即代表他將馳騁沙場奮勇殺敵，但若盔甲不是防護精堅，又或是老舊不堪，那將徹底摧毀業務員上戰場的「自信心」。更重要的是它背後代表著「勝利無望」與對生命的「不尊重」。

對業務獎金的意義或許解讀各有不同，但給予者跟接受者的感覺絕對是「天差地別」。既然是感覺就更不能輕忽其「滴水穿石」的影響力，一開始看不到任何改變，但它會經過「無感→微察→輕忽→僥倖→有恙→驚恐→挫敗」的過程，最終導致業務員的一蹶不振。

業務員如果願意精算「1元獎金」所帶來的效益，它就會讓業務員產生對績效的「嚮往」，也會對自己所從事的工作產生「熱愛之心」。如此一來所有事情都會朝正面

發展，即使碰到困難也會竭盡心力去克服，一切都視為是「自己的事」。而這一點就是業務單位真正的「決勝關鍵」。

　　績效來自於「思維、態度、行為、技能」的不斷堆疊，同時將「可能與可以」及「可信」捆綁在一起。透過心性與習慣的養成，最終成為業務員的「當責信仰」。這裡面沒有捷徑，也沒有葵花寶典，唯一有的成功途徑就是「讓業務員決定自己的收入」。它是一襲「痛苦戰勝愉悅」的黃金甲，如圖5-8右上所示。

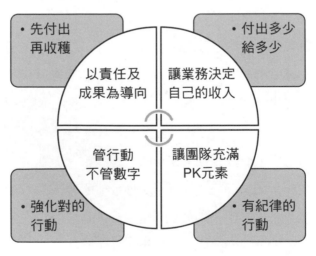

圖5-8

　　業務獎金的設計務必達成下列三大成功關鍵，否則都有改善的空間：

　　1. 獎金佔比年收入太低，沒有激勵效果。

　　2. 獎金計算給付太晚，沒有立即兌現感。

　　3. 獎金設計沒有同步調整責任權重，有失公平。

　　企業在獎金制度設計上，要知道該聚焦什麼、做對什麼、捨棄什麼，所以要避免出現以下錯誤的獎金制度缺陷：

　　1. **黑箱獎金**：(1)養壞業務胃口；(2)沒有制度可管；(3)績效不可控。

　　2. **虛假利潤**：(1)公司失去誠信；(2)財務虛假作業；(3)業務不相信。

　　3. **缺乏挑戰**：(1)沒有激勵效果；(2)喪失競爭能力；(3)業務不積極。

　　4. **朝令夕改**：(1)沒有得到認同；(2)行政作業繁瑣；(3)業務不行動。

　　5. **長期虧損**：(1)沒有競爭本錢；(2)組織信心薄弱；(3)業務不安心。

6. **徇弊營私**：(1)沒有團隊共識；(2)部門明爭暗鬥；
　　　　　　　(3)業務不同心。

　　有個案例是企業主在聚餐中隨口答應：「若業績達標，則在場主管再加發紅包獎勵大家。」結果沒有意外真的達標了，但除了數字以外，其他指標乏善可陳，同時每位領到紅包的主管也因為「猜忌」而不開心。如此破壞企業文化的情事絕不可輕忽。你有想到以下這幾點嗎？

　　1. 沒有人會珍惜人人可得的福利。
　　2. 主管是否都付出努力，並會不斷改善績效？
　　3. 分的少的主管，知不知道他該如何檢討自己？
　　4. 其他基層同仁，會認同這樣的黑箱紅包嗎？
　　5. 今後會不會成為主管綁架公司的陋習文化呢？

　　假如公司一直認為「獎金很敢給，但業務不滿意」，這是業務員取得獎金時在心情上產生的「不感激」及「不滿足感」所造成的傷害。而企業必須花心思為「不信任」止血，並想通以下幾個關鍵問題後才能找到解決良方：

Q1：如何減少業務的「目標錯誤率」？

Q2：當業績不佳時，怎麼解決「獎金荒」？

Q3：業務獎金怎麼跟「一個行動」掛勾？

Q4：如何管理業務「行動規劃」？

Q5：如何管理業務「行動干擾」？

　　過去曾經將「業務助理」轉換成「內勤業務」。這也意味著助理將從月薪制變成「年薪制」，同時年度薪酬則由 12 ＋ 1 變成 12 ＋ 1 ＋ X ＋ Y ＋ Z。這就是業務獎金的最佳設計公式：12 代表月薪；1 代表年終獎金；X ＋ Y ＋ Z 代表業績獎金的項目來由。如圖 5-9 所示。

圖 5-9

　　業績獎金設計上有兩大課題：(1)公司要有系統來計算獎金的業績值，不能採人工統計；(2)要清楚界定何謂：X、Y、Z，並且可供即時查詢進度。而執行步驟的設定則可參考圖5-10來進行。表5-2中，列出設定業務獎金的四大步驟。

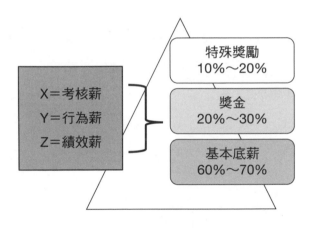

圖5-10

表5-2

1. 規劃獎金結構	2. 設定獎金類別	3. 決定獎金比例	4. 參酌影響因素
基本薪資	基本任務	利潤比例	適用範圍
考核薪資	專案任務	業績比例	景氣變動
績效薪資	特殊任務	貢獻比例	專業價值
特殊獎勵			團隊效能

　　業務獎金的設計不只是讓公司獲利、業務薪酬不錯而已，它最重要的目的是透過獎金制度來發現整體業務團隊中，需要哪些「工作改善」；再從目標設定、流程規劃、方法步驟、管理工具四個層面來運作，有關這部分可參見圖5-11。

　　在管理上要花時間將表格設計好，同時工作成果必須完全來自於資訊管理系統（management information system, MIS）上以外，其他部分業務員要親自查詢、統計、分析、對策，並將工作規劃、工作紀錄、工作回報、工作改善，具體檢討改善不可造假應付。如圖5-12所示。

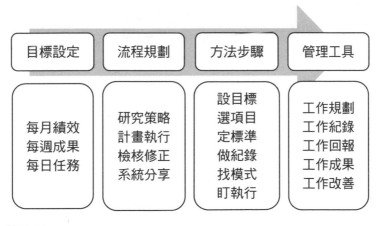

圖 5-11

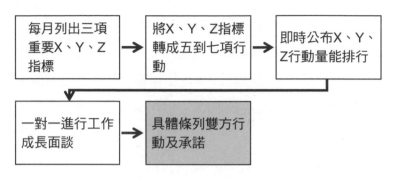

圖5-12

　　很多企業每隔一段時間就會面臨新舊獎金制度如何轉換及人員流失的棘手問題，但任何獎金制度都有可能不如預期。當然人才、管理、財務等問題都會造成一定的影響，所以要分析目前公司的營運狀況去調整X＋Y＋Z的佔比；也可以將業務員績效分級而讓X＋Y＋Z有所差異。其竅門如下：

- 公司業績高度成長：X＋Y＋Z年收佔比超過30%。
- 公司業績穩定：X＋Y＋Z年收佔比10%～20%，優者30%。
- 公司業績不佳：優者30%，中等20%，劣者10%。

5-4 如何與下屬進行銷售績效檢討與改善行動

　　主管若在職場上一帆風順，或許不熟悉如何與下屬進行績效檢討與改善行動。因為主管無法理解績效不佳者面對績效時的「無力感」與「壓抑」，同時會主觀地認為績差者沒有投入工作；這會讓主管和下屬彼此之間的咫尺成為「最遙遠的距離」。

　　員工當然也無法體會主管在面對績效不佳時的「焦慮」與「徬徨」，而他們彼此間最大的隔閡在於對工作意義的認知差異。主管看績效的角度會側重在「成果與貢獻」，但員工則偏重在自己的「付出與收穫」，所以跟下屬檢討績效時的關鍵，就在於如何「橋接雙方的重點」。

　　員工在績效上的問題經常出現在「沒有抓到重點」；而主管的問題則是「沒有重點說明」。

　　對重點說明的技巧和能力，是主管要對下屬進行績效

檢討與改善行動時的「關鍵課題」。這時主管要有一套：
設想、教導、帶領、緊盯、協助的方法及節奏。

　　談到績效檢討與工作改善，多數的主管都具有豐富的
「實戰經驗」，但缺乏講述重點的「問答經驗」。主管對於
工作改善覺得已經「講重點了」，而員工卻認為「聽不到
重點」。所以要把績效檢討做好，必須要掌握溝通六大重
點，可見圖5-13所列。

　　主管在與下屬進行績效檢討時的四大任務是：(1)看
到機會；(2)支持加分；(3)帶動組織；(4)鼓舞士氣。分別
說明如下：

　　1. **看到機會**：討論以正面角度可看見的機會。

　　2. **支持加分**：整合團隊資源提供補給系統。

　　3. **帶動組織**：利用引人注目的「工作賽局」來發動組
　　　　織量能。

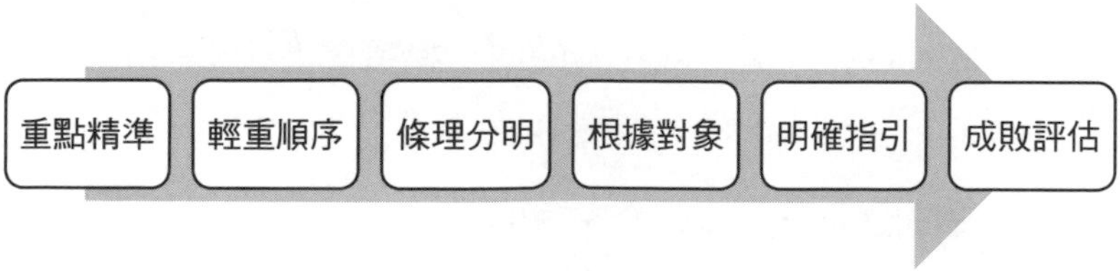

| 重點精準 | 輕重順序 | 條理分明 | 根據對象 | 明確指引 | 成敗評估 |

圖5-13

　　4.**鼓舞士氣**：鼓勵用自己的方式成就「不凡」。

　　工作檢討本身是一種追求「自我實現」的過程，所以主管的角色扮演側重在：(1)提出觀點；(2)點出影響；(3)找出盲點；(4)說出看法；(5)共商對策。分別說明如下：

　　1.**提出觀點**：主管根據實務經驗進行「破題」。

　　2.**點出影響**：用觀點來印證過去、現在、未來。

　　3.**找出盲點**：盤點目前常發生的障礙。

　　4.**說出看法**：用「角色互換」來陳述觀點與做法。

　　5.**共商對策**：主管是教練，讓員工在場上盡情發揮。

　　主管的焦點容易放在如何達標，卻輕忽時空背景所造成的「天然差異」，所以不能完全將自己過去的成功經驗複製在所有同仁身上，比例應低於50%。同時主管必須到現場去親身體驗，想辦法用同仁的優勢來進行績效檢討與工作改善。表5-3所列的績效檢討六大模組可供參考。

表5-3　績效檢討作業六大模組

1.作業重點	2.管理模式	3.運作方法
• 行動細則	• 管理原則說明	• 職能認證制度
• 行動萃取	• 作業要求溝通	• 現場運作導向
• 流程規劃	• 成員看法篩選	• 強調運作透明
• 要求紀律	• 提示可行辦法	• 統一操作步調

4.驗收績效	5.改善瓶頸	6.成果維護
• 最佳樣本	• 自動報告	• 紀律運作
• 批判異見	• 陋習改革	• 聊天改善
• 競賽規則	• 焦點訓練	• 報酬績效
• 驗收改善	• 重制權責	• 拓展視野
• 負責競賽		• 公開對話

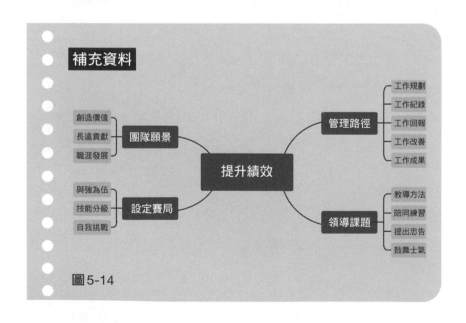

圖5-14

銷售績效檢討的重點兩大主軸及步驟：

1. **客戶的產值成長**：(1)設定客戶等級：A、B、C、D
產值標準；(2)訂出年度、季度、
月度目標。

2. **行動量能的提升**：(1)規劃可達標的行動量能標準；
(2)用系統或人工記錄統計。

3. **即時公開客戶產值及業務行動量能現狀資訊。**

4. **主管以「工作成長表」進行績效檢討與工作改善。**

員工在職場上需要公司的制度與主管的帶領才能逐步成長，而且每位同仁狀況不一，所以主管要用心呵護教導，並在過程中得到個人的成長與成就。以下是主管在進行績效檢討與工作改善的十大教戰守則，請多加體悟練習：

1. 不斷挑戰現狀，跳脫舒適圈。

2. 「看法整合」是績效改善的重中之重。

3. 溝通訓練著重在「公開報告」的練習。

4. 主管每次都要提出一套邏輯清晰的說法。

5. 雙向「挑戰觀點」以達最佳解決方案。

6. 績效檢討應先從雙方「自我評價」開始。

7. 績效改善重點在於：面對缺點即刻反省。

8. 思考要怎麼修改才能提升10%績效。

9. 每次的績效檢討一定要有借鏡做法。

10. 績效檢討最大的風險就是「沒有追蹤」。

5-5 如何做到高效業務銷售週報

　　業務團隊人員的常態結構比例是2：6：2。前2表示積極工作者；中6表示等待指示才工作者；後2代表沒有什麼動力者，這結構會隨著銷售週報效果而變動。所以要把重點擺在讓60%的業務員知道怎麼動起來，並清楚告訴他們，主管想看到什麼「具體成果」。

　　利用銷售週報來改變業務的運作模式，雖不容易但很重要。主管若積極，員工才會「學習積極」；管理者若負責，員工才會「學習當責」。週報的目的其實眾人皆知，但效果有限，其原因出在「沒有行動」。所以舉凡銷售管理，要放在「管行動，不管數字」上。

　　一群主管就位，董事長抱著筆記本坐定。在場主管看向自己手裡的筆記本，輪番口頭報告。中間老闆多所詢問、質疑、肯定、交待、指示、提醒。結束後董事長要我回饋意見，當年我們的對話：

董：特助，週會你有何看法與建議？

我：先問您他們的報告，如何辨別真假？

董：應該沒問題吧！

我：哪裡您覺得有問題？

董：（沉默）

我：我剛統計一下，事情有成果的報告不到30%，多數都
　　還在講「可能、或許、差不多」。

董：你有什麼建議？

我：我來設計五張表格，讓它們具體說明本週五項「工作
　　狀態」。

　1. 分析每週經營狀況：工作成果（表）。

　2. 反映人員的工作績效：工作績效（表）。

　3. 及時總結工作得失：工作改善（表）。

　4. 為下一步的工作提供指引：工作規劃（表）／工作
　　　流程（表）。

　　上述的場景不斷重複在企業中上演，只是程度不一。
有的偶見曙光；有的大餅滿天飛；有的藉口無數；有的
「病入膏肓」，但多半呈現「束手無策」。當然也有不少企

業，歷經更換領導者，終於找到改善變革之法，日積月累後終於看到亮眼的績效。

　　業務主管務必花心思將「銷售週報」開好、開妥、開滿。以下提供業務週報架構圖（見圖5-15）給大家參考，最主要是掌握開會的五個關鍵步驟並產出：(1)盤點得失；(2)對焦課題；(3)工作清單；(4)運作系統；(5)教育訓練。

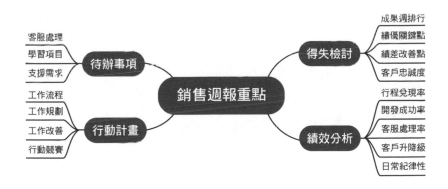

圖5-15

業務行動週報檢討表執行要點

銷售週報四大重點

得失檢討

1. **成果週排行**：（月計畫→）每週目標成果，進行公開團隊排行。

2. **績優關鍵點**：分析執行者優良成果的成功「關鍵因素」。

3. **績差改善點**：要求執行者不見成效的後續「行動方案」。

4. **客戶忠誠度**：由客戶來電、報價次數、結單成長率，判斷客戶的忠誠。

績效分析

1. **行程兌現率**：檢討每週既定行程的達成比率（至少要60%以上）。

2. **開發成功率**：產品、客戶、專案的進度檢視。

3. **客服處理率**：售後服務立案後的結案率追蹤。

4. **客戶升降級**：客戶分級明確定義後的經營數據。

5. **日常紀律性**：工作任務、工作流程、工作規範的落實。

行動計畫

1. **工作流程**：每日任務、每週成果、每月績效的串聯安排（如表5-4）。

2. **工作改善**：針對工作成果不佳項目，進行工作改善（如表5-5）。

3. **行動競賽**：團隊每月針對三項關鍵行動，進行評比競賽（落後者加強特訓）。

表5-4

新客戶開發	日	週	月	執行要點
取得客戶三證	✓			公司登記、營利事業登記
交易合約簽定	✓			
付款承諾書簽定		✓		
授信額度作業		✓		
營銷教育訓練			✓	客戶服務實施要點

表5-5

客戶分級作業	A	B	C	執行要點
每週拜訪	✓	✓		洽談紀錄表請客戶簽認
每月營銷會議	✓			
技術通報	✓	✓	✓	
客戶關係報告	✓	✓		定期書面E-mail提供
客服品質報告	✓	✓	✓	
專案簡報	✓			

待辦事項

1. **客服處理**：本月未完成售後服務項目分工解案。
2. **學習項目**：針對行動改善，進行必要的學習成長（列表檢核）。
3. **支援需求**：提出對公司及主管的具體支援請求。

　　銷售週報是每位業務主管在檢視目標、任務、成果、績效的競技場，自我定位不同，結果就會不同。但無論如何都不能錯過這難得的在職「教育訓練」機會，同時更要藉週會連結所有業務員行動，來建造主管在業務上的影響力。

　　銷售週報的運作流程攸關效果良窳，必須演練並尋求
回饋，也可請業務員提供建議，並真正面對缺點，即刻檢
討。其進行流程如下：

1. 統計本週工作成果表（by sales）。

2. 對照上週行動規劃表與行動紀錄表。

3. 行動紀錄表存檔。

4. 檢視工作改善進度。

5. 績優者的分享與激勵。

6. 績差者的工作要求。

7. 規劃下週行動競賽。

8. 學習項目規劃排程。

　　另外提醒，在銷售週報上，業務主管應具備的操作綱
領：

1. 數據統計分析要精確無誤。

2. 1/3肯定；1/3忠告；1/3要求（可視狀況微調）。

3. 公開比較重點行動成果。

4. 針對業務員的提問，自己要有答案。

5. 主管的工作要求必須有「一致性」與「連貫性」。

6. 週報會議中的決策事項，用「專案管理」模式追蹤成效。

7. 業務員負責行動，主管負責成果。

8. 每項行動都要設定檢核點及暫停點。

9. 週報會議中，每位業務員先檢討自己，再提方案。

10. 不要因為有達標就輕易放過「未改善的重點指標」。

11. 不容許謊言、敷衍、攻擊等不良行為。

業務主管雖都盡心盡力，但仍要多多修練：

1. 明辨問題癥結及謊言。

2. 訂出「行動進步獎」，鼓勵進步文化。

3. 將報告、溝通、討論變成日常。

4. 弱化理由，強化行動，嚴守紀律。

5. 一律禁止否定、批評、「沒有工作改善」。

6. 週會一定要開，至少95%開會率。

7. 訂出「馬上呈報者無罪」的內規。

8. 訴怨處理時，四小時內主管應當面向客戶請罪改善。

補充資料

★銷售報告附件參考

業務週報：查詢報表

1.領域內客戶分布狀況表。

2.客戶未成交天數統計表。

3.各產品類別客戶成交統計表。

4.客戶成交狀況明細表。

5.成交類別客戶數狀況表。

6.IHS接單品質分析表。

7.IHS接單狀況統計表。

【1.領域內客戶分布狀況表】

　　sales個人及其組織去分析本週、上週、前週，領域內各等級成交客戶及未成交客戶的數量和成交金額，以及它們在領內客戶中所佔的比例。

【2.客戶未成交天數統計表】

　　部門及sales個人去分析本週、上週、前週，領域內未成交客戶的數量，主要從未成交天數去分析。

【3.各產品類別客戶成交統計表】

　　sales／IHS個人及其組織去分析本週、上週、前週，各類別產品成交的客戶數、產品數量及金額。

【4.客戶成交狀況明細表】

　　sales／IHS個人去分析其領域內客戶的明細情況，如客戶名稱、領域代碼、行業屬性、成交的產品類別數、未成交天數、成交金額、額度使用率、付款差異天數、限制註記等。

　　Key值查詢顯示：領域代碼、行業屬性、級別、未成交天數、成交額、額度使用率、付款差異天數、限制註記。

【5.成交類別客戶數狀況表】

　　按IHS個人去分析本週、上週、前週，領域內成交客戶所購買各類別產品數（上月週均數）狀況。

【6.IHS接單品質分析表】

　　按IHS課內各IHS去分析本週、上週、前週的接單總金額、電話接單總金額、call-in／call -out接單金額，以及張數等。

【7.IHS接單狀況統計表】

　　按IHS課內各IHS去分析本週、上週、前週的接單總金額、電話接單總金額、電話接單張數、小額接單金額，以及張數等。

5-6 業務交辦落實，如何管理績差業務

　　某些業務員為取信於公司，他會強化他的「光明」而去包裝他的「黑暗」，尤其是為了某種目的，或他曾經被責難過的事情，他更會編撰許多「白色謊言」來安身。接著就是一連串的謊言戲碼不斷上演，輕者無大礙重者難善了。

　　面對績差業務員，身為主管的你必須要正面迎擊，因為領導者沒有僥倖的權力，更不能「配合演出」。但這些績差業務員通常會以三種角色出現：旁觀者、受害者、跟隨者，他們精於在各種情境下巧妙靈活的轉換。這將讓主管或其他同仁成為可能被拖下水的受害者或幫凶。

　　培育人才是主管最有價值的工作，但由於回報率太慢，而成為一項艱難的任務。業務領域中有1/3是「非自願型主管」，有1/3是「弱能型主管」，另外有1/3是「有

潛力型主管」，但最後可稱職的主管卻不到1/10，著實令人深感挫折。個中原因出在無法有效管理績差員工，進而影響一般員工及潛力員工的成長（主管心力已耗盡）。

當組織健康度不佳時，即使費盡心力管理也成效有限，而有計畫性的「自我成長面評」制度就成為唯一解方。首先是規劃一張組織發展健康表，見表5-6。

表5-6

職涯階段	領導管理任務	可能障礙	成功關鍵	核心行動
新人階段	讓他看到三至五年的希望 注入信心	高離職率症候群	二年職涯發展表（by sales）	標準建立 投入工作
成長階段	發展領導管理職能 成就事情	職涯發展承諾跳票	增加20%挑戰任務	創造績效 挑戰現狀
成熟階段	發展教育訓練職能 爭取責任	工作成就感遲鈍	刪除10%無效工作	分享知識 績效進化
問題階段	發展成功模式職能 置身事內	增加團隊管理負擔	任務兌現率達90%	溝通問題 賞罰分明
績差階段	發展創造績效職能	對成功喪失鬥志	績差改善20%	壓力試練 紀律執行

　　回到領導管理業務的四大主軸，即自我成長、自我管理、自我競賽、自我問責。但管理績差業務員時「有效比有道理」更實用，也就是不看他為什麼會出問題，也不用追根究柢後還幫他「拆彈」，而是用「圈和判」取代「盯和推」。

　　績差業務員的思維是把客戶當成「熟悉的陌生人」或「不聯絡的朋友」，態度上則是「漠視義務」，自然在行為上就會出現「與我無關」的表現。所以對於績差業務員的「管理螺旋」如圖5-16。

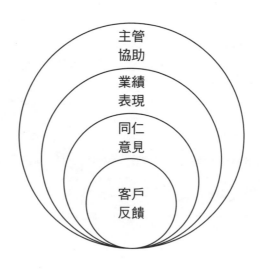

圖5-16

表 5-7

	工作能力 →			
誠實對待	推銷觀點	認知讚賞	認同肯定
同理回饋	和諧關係	鼓勵進步	賦予責任
檢核控制	教導糾錯	激發意願	參與學習
溝通說明	改善品質	調整價值	挑戰目標

工作意願 ↑

工作能力 →

　雖然績差員工是團隊不樂見的成員，但必須正視他們的存在所造成的影響。因此主管要先完成自己的「管理責任」，再進行「管理螺旋」，最後才是「教、養、訓、汰」。表5-7所列的領導管理方塊，可供參考。

　績差業務員分成兩大類來管理，一為「有能力沒意願」；另一類則是「有意願沒能力」。分別以下面四種模組來做管理。

一、有能力沒意願

1. **行為品管**：(1)陪同作業討論如何優化；(2)擔綱成功業務講座；(3)嚴格要求行動量能。

2. **壓力測試**：(1)將任務與他人明確分工；(2)共管、交接、獨立分開檢驗；(3)要求主題式作業研究。

3. **角色扮演**：(1)團隊業務行動教練；(2)開發業務的搜索者；(3)協助團隊業務的補給者。

4. **快打抗拒**：(1)要求繳交業務行動週記；(2)小組成長面談；(3)共同約定賞罰條款。

二、有意願沒能力

1. **行為品管**：(1)把好手的觀念灌輸給他；(2)弱點與盲點的改善成長表；(3)每日學習心得。

2. **壓力測試**：(1)過程細拆分段測試；(2)步驟及順序多方檢驗；(3)測試後的指定作業。

3. **獨立作業**：(1)將任務分拆到每日工作清單；(2)其
　　　　　　　他同仁給改善建議；(3)定期定題成果
　　　　　　　發表。
4. **激勵成長**：(1)定期盤點進步的具體成果；(2)公開
　　　　　　　彰顯其奮鬥歷程；(3)設計未來里程碑。

　　人格特質要改變絕非易事，但良好習慣的養成是可以
影響和要求的。而改變消極負面行為是要依賴一套環環相
扣的系統，才有效果可言。過去的諸多障礙，除了主管本
身的惰性以外，最重要是缺乏面對失敗的勇氣，以及把責
任往外推。

　　團隊績效經過一段時間後就會趨於固定，然後逐漸失
去競爭力。每位主管也都心知肚明，不能老是靠幾位明星
業務員苦撐，更何況明星業務員難尋難養。所以績差業務
員若能正向進步10%，加上負向減少10%，等於團隊增加
20%的戰鬥力。這就是即刻要去努力管理的方向。

補充資料

★優秀主管的領導管理守則

1. 激發個人特色，讓他們大顯身手。
2. 經由分享人性，讓他們樂談自己。
3. 翻轉工作動機，讓他們自我成長。
4. 透過清楚認可，讓他們產生動力。
5. 運用誠意互動，讓他們相信團隊。
6. 檢討自身錯誤，讓他們自動反省。
7. 引導行為改變，讓他們實踐需求。
8. 真心、用心、耐心。
9. 不滿意成果，不在意結果。

補充資料

★管理績差業務員的工作清單

- 每日記錄工作中可進步的地方。
- 用群體治療工作中的挫折。

- 隨時要求實踐責任與挑戰。
- 找出工作中問題的癥結。
- 共同整理優秀的智慧及建言。
- 聚焦在工作中的效果與效率。
- 製造工作中愉快的感覺。
- 幫助同事完成他的工作。
- 定期與進步者交流。
- 帶隊聽演講，或參與讀書會。
- 要求閱讀與工作相關的書籍。

5-7 業績不佳,如何提升業務行動量能

　　一般業務員鮮少知道自己每個月的行動量能跟業績之間的「因果關係」。因為行動不穩定就無法精準計算出「行動良率」,再加上無效行動居高不下,以致於無法立即採取對策來修正偏差行動,最後的業績曲線自然呈現「上下震盪」。

　　業務行動量能為什麼很重要呢?就像在大海航行中的船隻,它要靠船上的精密航海儀器,告訴船長過去走了多遠、離目標還有多遠。所以讓業務很清楚往前看及往後看,才能確保行動的有效性。因此業務主管的職責,就是讓每位業務「看得很清楚」,同時知道自己應該如何「掌舵自己」。

　　針對主管苦惱不已的業績不佳,透過下列「業務行動學」(見圖5-17)應可逐步改善提升。其間最需要主管下定決心,好好規劃落實執行,千萬不可囿於急效就半途而廢。

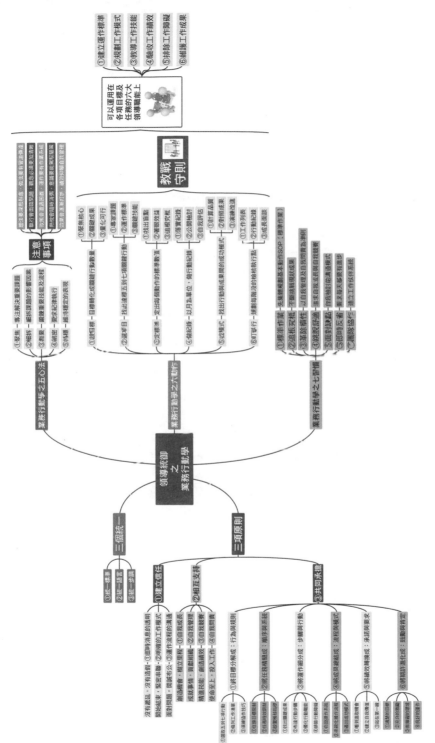

圖 5-17

懂道理也許不難，但懂得怎麼做才是高手。因此造成業績不佳的最大阻礙原因則是：

1. 業績上只顧成長，不顧如何穩定。
2. 業務行動沒有準確的「計步器」。
3. 業績目標不知如何行動化。
4. 業務行動多數屬於「自由行」。
5. 業務員因績效不明而缺乏熱情。
6. 業務競賽沒有比較行動「投報率」。
7. 業務行動沒有做「自己最擅長的事」。
8. 沒有全神貫注在「最卓越的行動」。

很多業務團隊把業績的產出寄託在公司的「無敵產品」及「重磅廣告」，但現實中，業務行動量能的良窳，才是績效的成功關鍵。請嚴格遵守「客戶分級、業務分級、服務分級」準則。業務團隊應清楚地將客戶分成P、S、C、T四級（見表5-8）；每位業務也可根據自己的成功模式做微調，並且在團隊內互相觀摩學習。

客戶分級後還需反覆與過往客戶業績印證對照，進行微調。接著要做好業務「行動規劃表（月）」，如表5-9，

表 5-8

S 客戶（明星） 1. 定義： 2. 行動規劃：	P 客戶（問題） 1. 定義： 2. 行動規劃：
C 客戶（金牛） 1. 定義： 2. 行動規劃：	T 客戶（麻煩） 1. 定義： 2. 行動規劃：

註：1. 客戶定義：指客戶業績貢獻狀態。
　　2. 行動規劃：指客戶分級、業務分級（五到七項主行動）。

表 5-9　行動規劃表

行動項目	P 客戶	S 客戶	C 客戶	T 客戶	TTL
拜訪（V）	1	3	2	✗	6
電話（C）	5	15	8	2	30
展示（D）	✗	2	1	✗	3
開發（O）	2	3	3	✗	8
簡報（P）	1	2	1	✗	4
報價（Q）	1	4	3	1	9
促銷（PR）	✗	2	2	✗	4

然後業務員可稍作 10% 修改，但不能任意改變，主管也可以在每月月初的三日前就與業務員共同製作「行動規劃表」，根據前半年的「業務行動成果」來籌謀。

　　客戶分級的目的在於讓業務員能快速辨別在任何業績相關的問題上，能有效地採取良好的運作模式去應對，避免被金牛客戶及麻煩客戶霸佔影響而績效不佳。而業務的黃金五項管理：目標管理、時間管理、專案管理、績效管理、行動管理，都要運用圖5-18的「九宮格」流程來實踐。

　　業務主管最主要的工作就是把年度目標→月目標→週成果→日任務，而且將之用代碼量化。譬如以下這個案例：根據業務績效目標，找出七項重點業務行動為：拜訪、電話、展示、開發、簡報、報價、促銷，這是大分類，接著再細膩規劃中分類行動、小分類行動。然後按客

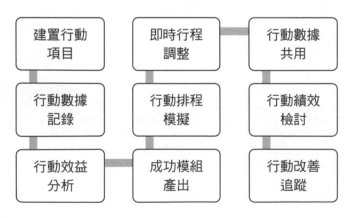

圖5-18

戶分級定出標準，經過長時間大量數據分析後，再對業務
分流定型。最後再制訂業務升降級標準，決定不同的行動
標準值，直到績效變好為止（參見圖5-19和表5-10）。

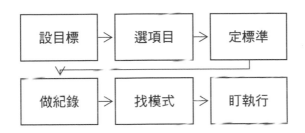

圖5-19

表5-10　行動紀錄表

重點行動	行動標準	中、小類行動	W1	W2	W3	W4	TTL
拜訪（V）	A_4 B_2						
電話（C）	ABC_3						
展示（D）	A_2 B_1						
開發（O）	B_2 C_1						
簡報（P）	A_2 B_1						
報價（Q）	AB_2						
促銷（PR）	AB_1						

註：W代表週別。

　　前述提到的行動規劃表、行動紀錄表和業務工作清單（見表5-11），這三表要環環相扣，尤其虛假的行動紀錄更要在月報中追根究柢，不宜以繳作業的心態應付了事。眾所周知，業務團隊本就不容易帶領，**所以能制訂一套嚴謹的業務「行動管理系統」（AMS）**，才有機會突破業務困境，將業務績效穩定產出。

　　業務主管執行這套「行動管理系統」，可以再進一步算出每一業務員行動的「有效值」來接替運用，譬如V＝1、C＝0.1、D＝1.5、P＝0.5、Q＝0.8、PR=3，也就是

表5-11　工作清單（範例）

每日工作		每週工作		每月工作	
時段	項目	週別	項目	改善項目	工作指南
9：00 9：30	準備工具、文件	第一週	成交率50%	新客開發5家	刻意練習案例解析
10：20 12：00	A級客20通	第二週	新客成交10	業績達成90%	每天call-out 20通
13：30 16：30	潛級客10通	第三週	老客回購30%	新產品成交率50%	每週EDM
17：00 18：00	內部溝通行政作業	第四週	客戶3通完成率90%		
其他	練習話術簡報練習				

當其中一個行動沒做到量，或效果不好時，業務可以用自己的強項來替代（每位業務員的行動有效值不一樣）。

表5-12中列舉了幾個業務行動案例，以供參考。

不管你是新手主管或資深業務主管，當你最近業績停滯時，就是要檢討你的行動管理系統是不是沒有規劃執行到位。既然你身為業務主管，你一定很清楚任何行動要有成果絕非一蹴可幾，而是需要不斷練習精進，加上用心、真心、耐心來帶領團隊，並貢獻你的成功經驗來教導業務同仁，如此一來，績效提升定是指日可待！

表5-12

業務項目	業務行動模式（二十一天）	替代行動模式
開發新客戶	3V ＋ 5C ＋ 1D ＋ 1Q ＝ 5.8	2V ＋ 8C ＋ 2D ＝ 5.8
客戶關係維護	2V ＋ 4C ＋ 1D ＝ 3.9	3V ＋ 9C ＝ 3.9
訴怨處理	5V ＋ 10C ＝ 6	3V ＋ 1PR ＝ 6
拜訪客戶高層	3V ＋ 2C ＋ 1P ＋ 1Q ＝ 4.5	1V ＋ 1Q ＋ 1PR ＝ 4.5
客戶帳款逾期	6V ＝ 6	3V ＋ 1PR ＝ 6

註：這些行動「有效值」是根據業務行動紀錄統計分析而來，每位業務員
　　之間有所不同。有賴每位業務員自己去經營分析，而主管可適時參與
　　指導，協助分析討論。

5-8 如何留住優秀人才及淘汰不適任的成員

　　建立團隊像「挖礦」的過程，不但要靠經驗及科學的組合，也要跟運氣搏鬥一番。有時找來的人不是你要找的人；想要找的人卻不會「流浪在外」。所以要找到好人才，並不是到處去「大海撈針」，而是要有一套「吸星大法」的運作系統。

　　有關「吸星大法」的運作系統，說明如下：

　　1. 對考績 A 的員工，進行「360 度的軟硬體」分析。

　　2. 集體進行「人才範本」製作。

　　3. 人資系統緊密連結「人才範本」。

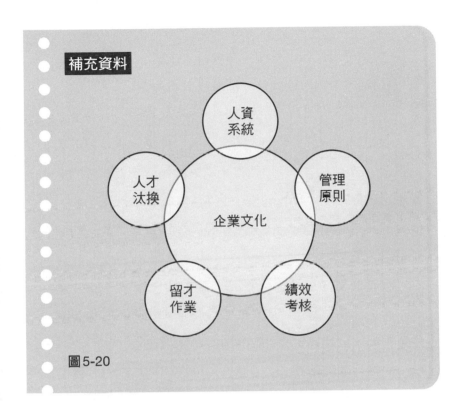

補充資料

企業文化

人資
系統

管理
原則

人才
汰換

留才
作業

績效
考核

圖5-20

4. 以「人才範本」規劃各部門的領導模式。

5. 績效考核以「留才排序」為準則。

6. 每年訂出淘汰目標比率及淘汰「底線指標」。

7. 每月公布各項淘汰指標的「進度排行榜」。

8. 績優及績差者進行一對一成長面談。

9. 績優者條列十八個月升遷留才作業。

10. 績差者列出兩個月「輔導成長」作業。

假如對離職員工做個「回流應徵」意願調查;對現有員工做「續留工作」意願調查,結果會如何?大部分的主管想必難以接受「真實答案」。因為沒有企業是完美的,但員工卻想要完美的工作。所以好人才不是用「找」的,而是用「吸」的。

管理其實不是「自我批判」跟「姑息養弱」的二選一;而是「讓人追隨」與「助人成長」的二合一。想要留住優秀人才,就得先從主管的自身功課做起:

- 帶領團隊積極合編「職涯發展表」(主管2/3;員工1/3比例)。
- 按職涯發展表,制訂主管「照顧成員」計畫表。
- 每月做「工作成長」面談作業。
- 每月導讀兩本書,並要成員寫出「重點摘要」。
- 每季請成員給你管理上的「具體建議」。
- 每年升遷兩位優秀同仁(需達績優標準)。

　　另外，員工在試用期的表現由員工負責，正式任用後則由公司負責；而公司則由部門主管負80%的責任，公司負責20%的責任。有人說，管理是門藝術，最後是「價值不斐」或「一文不值」？端看「將才培育流程」（見圖5-21）是否嚴謹、是否獲得認同而定。

　　「將才培育流程」的重點內容，說明如下：

- **學長制**：設立雙學長制，一個培養優點，一個矯正缺失。

將才培育流程

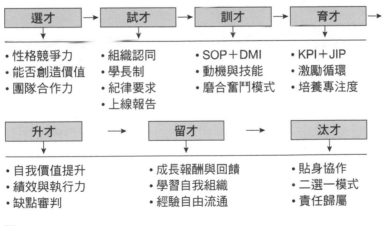

```
┌──────┐    ┌──────┐    ┌──────┐    ┌──────┐
│ 選才 │ →  │ 試才 │ →  │ 訓才 │ →  │ 育才 │ →
└──────┘    └──────┘    └──────┘    └──────┘
   ↓           ↓           ↓           ↓
・性格競爭力  ・組織認同  ・SOP＋DMI  ・KPI＋JIP
・能否創造價值 ・學長制   ・動機與技能  ・激勵循環
・團隊合作力  ・紀律要求  ・磨合奮鬥模式 ・培養專注度
             ・上線報告

┌──────┐    ┌──────┐    ┌──────┐
│ 升才 │ →  │ 留才 │ →  │ 汰才 │
└──────┘    └──────┘    └──────┘
   ↓           ↓           ↓
・自我價值提升 ・成長報酬與回饋 ・貼身協作
・績效與執行力 ・學習自我組織  ・二選一模式
・缺點審判   ・經驗自由流通  ・責任歸屬
```

圖5-21

- **上線報告**：指新人試用期滿後，進行書面及口試測
  驗，以確認是否正式任用。
- **DMI**：指日常管理指標的灌輸及演練。
- **JIP**：指工作改善計畫。
- **缺點審判**：列出該員十大缺點，以及何時改善、何
  時升遷報告。
- **成長報酬與回饋**：針對優秀人才規劃三至五年報酬
  計畫書（需雙方簽認）。
- **二選一模式**：提前兩個月進行「自我改造」，或是
  自動請辭（請主管協助改造）。

　　企業也許擅長經營事業，但人才培育則是「勉力爬
行」。常常聽企業主說，想退休但沒人可接手。若交棒給
經理人或子女，則不是「能力不足」，就是後者的「意願
不足＋能力不足」。宿命也好，追求完美也好，自我期許
也罷，再再都是一種隱隱作痛的感覺。造成此種情況的
關鍵，就是在人才培育的兩把鑰匙──「積極的意願」和
「日漸增長的能力」上缺少章法。

　　企業的無奈常來自於「培育的壓力與抗拒」。因為培育人才像到「西天取經」一般地艱辛；又不知人才是否長期為我所用，有時還會碰到「人才押寶」的挫敗。企業無須在意結果的難以預測及掌握，只要好好修正過去被質疑的「公司思維」即可，譬如：

　　1. 碰到營運績效不佳，就撕毀承諾。

　　2. 績效考核甩不掉「年資論」的包袱。

　　3. 大量培養「近親人力」，而排斥外界人才。

　　4. 對人才培育，出現「三天打魚，兩天曬網」的現象。

　　5. 人事單位不專業，無法有效建立適合的人才培育體
　　　系。

　　彼得·杜拉克（Peter Ferdinand Drucker）曾說：「只在意部屬的缺點，不僅是愚蠢，也是不負責任的。」錄用一個人又不斷地挑其毛病，至少錯一半，或者全錯。回到人才的意願跟能力的培養上來看，必須大家集智討論出有員工二分之一意見的培育留才系統來。

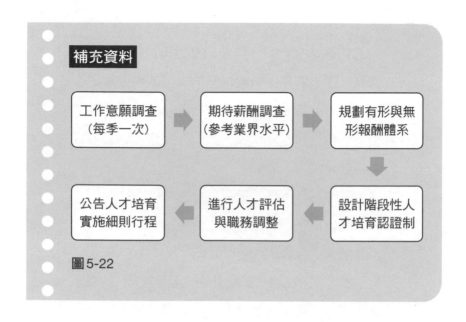

補充資料

工作意願調查
（每季一次）
→
期待薪酬調查
（參考業界水平）
→
規劃有形與無
形報酬體系

公告人才培育
實施細則行程
←
進行人才評估
與職務調整
←
設計階段性人
才培育認證制

圖5-22

　　工作意願的提升，跟環境優化及領導技能息息相關，而這裡指的環境包含「有形與無形」的環境。什麼行為會被鼓勵，什麼行為會被約制，都要非常地明確，才能留住優秀人才。而優秀人才所需要的環境，必須具備八大元素（見表5-13），以此來當作留才的指導方針。

　　人才雕塑像泡一杯茶，看誰來掌壺，優秀團隊的建立也是要靠領導者的智慧與堅持，讓成員相信有路，前方就有無數的夢想和終點。沒有人可以預測未來，公司唯一能

表5-13　留才指導方針

	期望至上	製造正能	善用封賞	樹立里程
準則	把期望職涯化	捆綁負面記憶	彰顯團隊、個人貢獻	鼓勵自我超越
方法	公布個人＋團隊期望	正能量榮譽榜	抬高團隊自信	追求贏得信賴
工具	職涯發展表	正能量排行榜	貢獻積分排行	自我超越積分獎勵

	創造認同	志同道合	相互成就	伙伴關係
準則	宣導正向價值觀	看到超越自己	找到價值與滿足	更高層次的關懷
方法	確認想法一致	優化影響因子	用溫暖贏得信任	共同迎接挑戰
工具	學習成長表	幫扶新人承諾書	集體工作說明書	共同工作教戰守則

做的，就是相信人才，堅持下去，培育人才是一場比氣長的競賽。

5-9 如何領導明星業務、資深業務，讓他們更有價值

　　巴菲特（Warren Buffett）曾公開說：「聰明、正直、能幹、善良，是優秀人才應具備的四個特質。」而明星業務員則一定具有其中的聰明與能幹；但資深業務員則可以拿掉「資深」二字，回歸探討「他是什麼樣價值的業務員」。

　　以往公司主管容易以「心軟」及「溺愛」來面對明星業務，也相當程度會去包容他的「任性」；而對資深業務則以「不夠狠心」居多。所以當公司及主管面對優秀業務、資深業務不服從時，應以「要有什麼價值」及「要負什麼責任」為管理準則。

　　找不到明星業務或只能靠資深業務的公司，老闆自然而然會：(1)一人撐起公司業績；(2)放任管理，不加約束；(3)沒有使命必達的紀律。若想擺脫這樣的宿命，就

要讓團隊成員「優於過去的自己」，而不是老闆自己更堅毅。實際上，企業主常困在「現在的『懦弱』」和「未來的『恐懼』」裡，任由明星業務及資深業務長期地對他進行「情緒勒索」。但最悲情的是──他只能「裝睡」。

雖說如此，團隊領導還是忌諱隨員工起舞。主管經常自我省思：問題是否跟自己的「駝鳥心態」有關？有時這樣的反思是為了找到「自我安慰」的藉口。企業主絕不能一再為這些藉口而活，而是要為團隊「開創綠地」而奮鬥。以下幾個問題非常需要企業主管們去深思熟慮，而且刻不容緩：

- 是否允許明星業務的墮落？
- 是否改變規則而不改變認知？
- 對管理失敗陷入自我安慰的迷思？
- 不是太小處著眼，便是大舉突破？
- 昨日的創新沒有形成今日的規則？
- 只重視目標的達成而忽略流程的改善？
- 沒有把重心放在績效的改善上？
- 成員不知企業的計畫及方向？
- 沒有創造危機及迫切感的能力？

- 從來沒有與時間賽跑？
- 不能終結「光說不練」的文化？

「薪酬＋情感＋事業」是公司與員工共存共榮的「三合一」，缺一就不可。其中薪酬較容易解決，但若沒有情感與事業的加持，薪酬就會變成獨木難撐大局。而情感和事業則要靠每年的「自我成長」面評制度及每月的「工作成長表」來實踐。

工作成長表（範例可見表5-14）主要是用來對員工進行「價值品管」及「當責健檢」，其重點放在績效表現、忠誠度及潛力發展三個角度上。可以參考下列十點：

1. 是否帶來機會或問題？
2. 是否符合未來的組織要用的人才標準？
3. 是否積極主動與團隊合作？
4. 是否所得合理？
5. 是否積極主動學習？
6. 是否願意協助其他團隊成員？
7. 是否願意承擔更重要的責任？

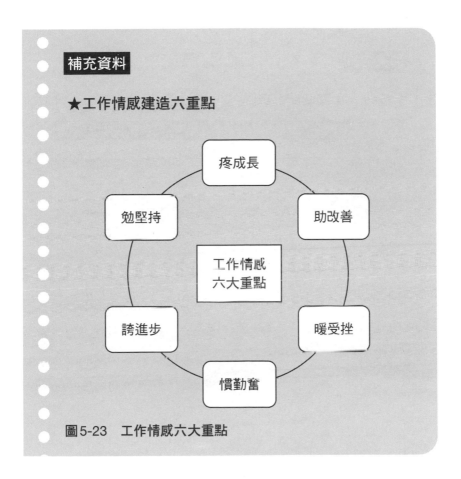

補充資料

★工作情感建造六重點

疼成長

助改善

勉堅持

工作情感
六大重點

暖受挫

誇進步

慣勤奮

圖5-23 工作情感六大重點

8. 是否對組織及工作忠誠？

9. 是否具有不可或缺的價值？

10. 是否願意貢獻經驗與知識？

補充資料

表5-14　工作成長表（範例）

月分	優良事項	改善事項	行動方案	主管／同仁見簽
1月				
2月				
3月				
4月				
5月				
6月				

註：紀錄要點：(1)執行力；(2)績效表現；(3)作業品質；(4)出勤率；
　　(5)工作配合；(6)言行操守。

補充資料

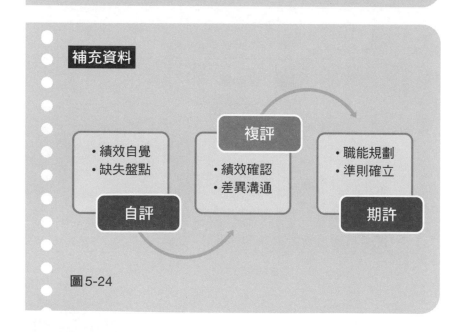

圖5-24

　　「價值＋責任＋回饋」是組織面對明星業務及資深業務的不二法則。而自我成長表主要是對員工的職涯發展，制訂「時間表」和「輔導計畫」，不容忽略和草率。

補充資料

表5-15

1.根據職前規劃之項目，分析個人工作上之優缺點，並列出應改善及加強之處。	
自填	主管
2.為提升個人目前工作績效，需要哪些訓練及幫助？	
3.個人期望幾年後，調任本公司何種其他工作？	
4.為達成上項個人職務轉換，一年內需要哪些訓練？	

　　狼群裡的綿羊跟羊群裡的幼狼，有著天差地別的表現，這是環境給萬事萬物的正當回饋。業務主管雖然在企業經營上展現過人的氣魄，但在人員的領導管理上，卻始終缺乏「跨出那一步的勇氣」。尤其面對明星員工、資深員工，更要以「造局、容錯、讓權、大破、視野、透明」為原則，讓他們比現在更有價值。有關這六個原則，分別說明如下：

1. **造局**：透過合作找出契機。
2. **容錯**：幫助團隊穩定地進步。
3. **讓權**：讓人人都想幫你贏。
4. **大破**：不斷挑戰現狀成果。
5. **視野**：培養進退的氣度與涵養。
6. **透明**：降低失誤與團隊集智。

補充資料

★建立良好組織風格的五大準則

1.創造守法、講道理的工作環境。

2.建立學習的環境來留住人才。

3.以學習能力作為組織最重要的競爭力。

4.把沒有意義的事，做到有意義。

5.鼓勵把討厭的事做好！

學習摘要

本章的重點	行動方案	自我獎勵
1.	1.	1.
2.	2.	2.
3.	3.	3.
4.	4.	
5.	5.	

	分享對象	
	1. 2. 3.	

第六章

主管的自我成長

6-1 兵才將心的養成

　　剛出社會工作時，我的薪資是1.43萬元，在那個年代，已屬不錯的薪資，不過當時有個議題非常吸引我的關注，那就是：為何有人可以年薪百萬？後來我透過聽他們演講、看他們出的書、向他們請教，於是我得出了五個他們的人格特質，**我把它們稱為「兵才將心」**，就是驍勇善戰，又能綜觀全局。而**這五個特質，就是：(1)信賴團隊；(2)自願承擔；(3)無私輔佐；(4)熱情成事；(5)奉行忠誠**。

一、價值決定你的未來

　　有一位汽車銷售女王曾經告訴過我，最重要的職場生存原則就是「**本事要大於工齡**」，也可以說，讓你的工作時間值超越你的薪資，且超越的越多越好，這也印證了職

場的一句老話：「價值不如人，就會被淘汰」的鐵律。我們必須相信「結果不會給你太多的運氣」，一切得靠你的價值來決定。

在美國有一個民族，透過他們不凡的生活教育，以及成長勵志、社交、處事、挫折、智力、習慣養成等教育，培育出了令人敬佩的傑出人士，包括巴菲特、愛因斯坦（Albert Einstein）、弗洛伊德（Sigmund Freud）、畢卡索（Pablo Picasso）等名人，他們都是猶太人。美國的四百大富豪中有45%是猶太人；歷屆諾貝爾獎得主有17%是猶太人；世界十大哲學家中，有八人是猶太人。為什麼他們會如此出類拔萃？原因就在於他們成長過程中所接受的種種教育，讓他們從思維、態度、行為、技能上都能以「兵才將心」來應對。

二、態度造就你的高度

有一次美國政府的一項特考面試，有上百位人報考，但只錄取十位。其中有位猶太人也來參加，經過早上的激烈面試，所有應試者幾乎全軍覆沒，這位猶太人也不例

外，但他沒沮喪，立刻利用中午的休息時間，跑去附近的
圖書館找答案。結果下午的第二輪面試，面試官及題目跟
早上完全一樣，於是這位猶太人以優異的成績被錄取了。
這就是兵才將心，這就是猶太人。

三、信賴團隊：把工作視為責任

　　看到猶太人的故事，讓我也憶起當年到第二家公司任
職時，因公司規模較大，所以是為一群新人共同舉辦三天
的講習訓練，由各部門主管來說明教導。我看到訓練課程
表上第三天最後一節課是「總經理的聊天會」，於是我在
第二天晚上就在想，明天總經理來時，我要問他什麼問題
呢？後來我決定提出兩個問題：

1. 我要如何做好我所應聘的工作？
2. 如果要做好我的工作，公司會給我們什麼訓練跟協
　助呢？

　　結果，當天一小時的總經理聊天會，都在回答我的問
題，而這梯次的三十幾位新人也都聽得津津有味的，而我

也興奮不已。此後我也在老東家任職了十五年，而且得到公司的信任與重用。賈伯斯（Steven Jobs）曾說過：「**擁有熱情，便能改變世界。**」我是十分相信的，你呢？

當前課題

- 把工作發展成長期競爭力。
- 怎麼練出超越自己薪酬的四大能力：精實能力、深耕能力、反思能力、成長能力。

補充資料

★試著想想以下的提問（每題可以有多個答案）

（一）信賴團隊

1. 我將來最期待在公司的職位是？(1)行政管理；(2)副總經理；(3)經理；(4)資深員工。

2. 我最值得公司信賴的是？(1)建構團隊；(2)創造績效；(3)投入工作；(4)人才培育。

3. 我最希望得到團隊的認同是？(1)分享知識；(2)感激
伙伴；(3)聆聽意見；(4)賞罰分明；(5)溝通問題。

四、你的工作不能只有小確幸

　　松下幸之助曾經召見一名任職十八年的課長，對於他
過去的付出給予肯定，接著進行了下面的對話：

松下：最近工作如何？

課長：社長請教誨？

松下：我想辭退你，你有何打算？

課長：（臉色鐵青）

松下：認真回答我，接下來你要如何生活？

課長：（顫抖無語，腦中一片空白，按捺情緒緩緩地回答）
　　　我可能去創業賣紅豆湯，吃遍全國各地方最有名
　　　的紅豆湯，並向他們請教。然後在家自己研究烹
　　　煮，不斷練習，並請老同事試吃，將來在公司對
　　　面開一家松下紅豆湯，回饋老東家……（此時課長
　　　眼神專注，態度篤定，漸漸地聲音也高亢起來了）

松下：（微笑地說）假如你可以將你失業後的創業精神，
　　　用在現在的部門工作上，那就不辭退你了。

　　原來這是松下幸之助教導員工的苦口婆心，相當有智
慧，也發人深省。

五、贏得世界盃亞軍，不是理所當然

　　2018年世界盃足球亞軍由只有四百萬人口的克羅埃
西亞獲得。球員大都是業餘球員，但他們為什麼會贏？為
什麼他們的國民會說：「法國贏得世界杯，我們贏得全世
界。」究其原因，不外乎是他們是為追求榮譽而戰，從國
家到教練，再到球員，再到全國人民，上下一心，信賴
團隊，自願承擔，無私輔佐……充分發揮了「兵才將心」
的五心法。可見得來絕對不是理所當然的。

六、卓越是一種嚮往且深深相信的態度

　　在日本，獺祭清酒可說是家喻戶曉，且揚名海外的國

酒。原先他們受限於產量不穩，且技術無法短期傳承所苦。到了第二代，使命感聲音不斷地告訴他們，一定要將它發揚光大，因為放棄很容易，成功需要的是堅持。於是他們找來富士通合作，透過科技數據及不停地試驗，終於成就了「獺祭」大吟釀的品牌故事，這背後就是一股追求卓越的精神極致表現。

當前課題

- 懂得自己要什麼並投入時間。
- 與志同道合的伙伴邁向卓越。

七、自願承擔：承擔越多，歷練越多，成長越多

2000年上半年年報時，只有我的部門業績達成上半年預定目標的112%，其他部門則只有80%左右，於是總經理當著全公司七十幾位主管的面，詢問我下半年是否可

以多扛一些業績：

總經理：Jack，下半年業績就靠你了。

Jack：老闆，還差多少業績？

總經理：（跟兩位副總商量一下後）加個8、9億吧？

Jack：8、9億不好算，給我10億好了。（此時全場響起如
　　　雷的掌聲）

　　接著全場氣氛頓時愉悅起來，當我走下講台那一刻，
我為我的團隊感到無比的榮耀，一生難忘的榮譽感。

　　回到辦公室，我的主管們卻臉色凝重，於是我召集他
們開會，聽聽他們的憂慮。接著我說：「總經理當著全公
司主管面前給我們一個千載難逢的機會，如果我們不接，
我們不是傻瓜那是什麼？」我要他們提出需求，不要再想
「可不可以不要接」的問題。第二天，我去找總經理商量
我們的需求，不出所料，總經理答應了我們的所有要求，
不可思議的爽快啊。

　　值得一提的是，從那刻起，全公司其他部門常來問我
們還有什麼問題、還需要什麼支援等等，可以說是「門庭

若市」。然後，部門同仁開始走路有風，主管們也滿面春風。這一年因為我們多扛了10億業績，最終我們達成年度預定目標的97.3%，而其他部門還是只達成80%幾。最重要的是，我們的自願承擔，造就了我們的價值和影響力，真是值得啊！

當前課題

- 幫公司承擔一項一到三年的責任。
- 每月傳承一項經驗模式。

補充資料

★試著想想以下的提問（每題可以有多個答案）

（二）自願承擔

1.什麼時候我會挺身而出？(1)公司有難；(2)沒人要做；(3)捨我其誰；(4)游刃有餘。

2. **當我全力以赴時要注意什麼？**(1)聚焦重點；(2)做出典範；(3)團隊紀律；(4)流程設計；(5)建立信任。

3. **為什麼我不敢承擔太多責任？**(1)沒有時間；(2)人才不足；(3)害怕失敗；(4)確保戰果。

八、無私輔佐：隨時盤點績效、聲望和影響

稻盛和夫在78歲高齡時，接受日本航空的邀請出任會長（政府出面，不支薪）。他在此時重出企業經營，這種高超情節及無私付出的精神，更像現代版的諸葛亮，不忮不求，非常值得我們學習。他在2010年1月接任虧損的日航，到2011年結算時已獲利2049億日圓，創歷年新高。2013年他已退出日航的實際經營，他那無私輔佐的胸懷非常令人敬佩學習。

當前課題

- 每月進步一項領先指標。
- 每年創一項新高績效。

補充資料

★試著想想以下的提問（每題可以有多個答案）

（三）無私輔佐

1. 我如何協助上級完成任務？(1)主動參予；(2)做中學習；(3)提供建言；(4)帶動團隊；(5)爭取授權。

2. 輔佐上司必須要有的能力？(1)策劃執行；(2)整合協調；(3)溝通問題；(4)定義課題；(5)專業升級。

3. 達成任務績效的關鍵重點是？(1)目標明確；(2)良好模式；(3)無障礙環境；(4)充分激勵；(5)系統化考核。

九、熱情成事：善用自己的才華，做出特殊貢獻

　　剛升上業務副理時，台灣各電視台非常流行公司組隊參加現場益智比賽節目，於是我也組隊去參加，且每一次都有不錯的成績（共參加三次）。此事也傳回公司，公司也因此記嘉獎鼓勵我們。同時，我也在公司建立了跨部門的熱情連線隊伍，更替公司發掘了很多有才華的同事。這

些活動參與雖然不是我的工作職掌，也沒有考核，同事們都說我很熱情，但我更讓他們看到我每次的用心及追求完美的精神。俗話說的好：「做不好不要緊，怕的是你沒有熱情。」

當前課題

- 持續站在第一線，不管位子有多高。
- 自我挑戰，升兩級思考。

補充資料

★試著想想以下的提問（每題可以有多個答案）

（四）熱情成事

1. 我要建立的工作準則有？(1)拉高標準；(2)相互成就；(3)創造信任；(4)鼓勵進步。
2. 我要建立的團隊協作準則是？(1)用心傾聽；(2)表達興趣；(3)認真討論；(4)正面建議；(5)明確承諾。

3.我希望帶給團隊什麼貢獻？(1)培養好技能；(2)帶動
   好機會；(3)導引好觀念；(4)找到好伙伴；(5)製造好
   影響。

十、奉行忠誠：做工作中最有意義的事

當年被網羅去大陸工作，擔任集團子公司總經理。因
為是新創事業，百廢待舉，但也燒錢猛烈。這期間要開
店、裝修、採購、建置物流倉庫、購置車輛等，因此幾乎
每天會碰上廠商透過關係，想要承攬業務，或賣產品進
來，或想要賄賂取得工程。所以我必須清廉自持之外，還
要嚴查底下的貪汙行為，更要時時刻刻為結果負責。

首次踏上神州工作，挑戰雖多，誘惑也多，但我秉持
著五不原則，終究關關難過關關過，更重要的是問心無
愧，從容就事。而這五不工作原則，至今我仍受用無窮，
那就是「不沉澱問題、不等待命令、不擔心犯錯、不便宜
行事、不光說不練」。

當前課題

- 不只看數字,還要看實質內涵。
- 讓團隊用心克服困難。
- 不是解決問題,是要有成果。
- 不只做到了,還要完美無誤。
- 現狀可接受,下回還要挑戰。

補充資料

★試著想想以下的提問(每題可以有多個答案)

(五)奉行忠誠

1. 我要建立的忠誠準則有?(1)不沉澱問題;(2)不等待命令;(3)不擔心犯錯;(4)不便宜行事;(5)不光說不練。

2. 我要如何打造一支忠誠團隊?(1)要求稱職;(2)重視人品;(3)幫助新人;(4)證明自己;(5)良性競爭。

3. 我如何在團隊中建立正念?(1)塑造歸屬感;(2)兌現承諾;(3)追求真實;(4)資訊透明;(5)讚賞他人。

　　在這元宇宙即將到來的世界，人才仍然是重要的成功關鍵。而人才的養成就應該像猶太人一樣，從小灌輸品格教育、逆境教育等，也等同於本文的「兵才將心」教育，讓我們一起走下去吧！

6-2 創造有價值的環境

在職場上，我們始終相信能面對挑戰的人，必將成為將才。但是要能面對挑戰，就要有很強的信念及「抗腐蝕力」。

當年我很快升為業務經理，但是三年多以後，我的職稱只在「經理」前多加「資深」兩個字，光是這資深經理，我又停留了四年多，這八年的經理職涯，被老闆稱為「練火候」。如今回頭看，我自稱是「抗腐蝕」。而抗腐蝕力來自於五個醬料：**丹心、恆心、佛心、善心、和心**，這也是朝鮮人傳統醬缸文化中的「五德」，也成為我日後帶領團隊培養將才很重要的醬料。

大部分的人都需要從挫折、挑戰、失敗中學習，但如果沒有人適時地幫助、勉勵、認同等等，很多時候都會選擇放棄。回想剛當上主管的時候，公司選擇讓我帶領三名瀕臨淘汰邊緣的績差業務員。我頓時不知所措，想來想

去，唯一有可能的改變，就是讓他們願意去「改變」。

　　而我接下來，將面臨的挑戰及障礙如下：

- 我不想放棄他們。
- 如何製造改變的樂趣。
- 以爭取「任務及責任」為領導主軸。
- 建立成員面對「自我缺失」的勇氣。
- 教導「自我問責」的溝通模式。
- 體會他們挫敗的經驗，並支持他們奮起。
- 鼓勵他們自己找答案。
- 跟自己比較，持續要求進步。

　　而後身為主管的我把自己當成他們其中的一員。作息不像一個主管，而是一個績差團隊的領班。這時的團隊成員，非常需要幫助、改善、蓄養勤奮、進步與堅持，讓團隊在不斷積累中，逐漸形成榮辱與共的認知與感受。

　　於是我邀請他們每天有紀律地打電話給客戶、做紀錄。不管有沒有訂單，我們一起「找機會」，就像在爬山路途中迷路了，我們要積極找「一條生路」，並且要求要「同進同出，緊緊相依」，也就是沒有單獨行動。

　　說來令人驚訝，經過數月，用「相信努力會帶來成果」的信念與行動，我們創造了奇蹟。業績連續八個月跳躍式成長，成員開始昂首闊步，眼神充滿自信與喜悅。

　　總結那段期間的領導心得，**疼成長、助改善、暖受挫、慣勤奮、誇進步、勉堅持**的六項法寶，至今仍受用無窮。但是，只有努力恐怕無法打造真正的將才，還需要加入「成功心態」的養成才行。那到底什麼是成功心態的養成呢？以下幾個養成領導技巧尤其重要。

一、認同讚賞

　　基層員工除了需要被教導方法、陪同練習之外，更需要在過程中獲得認同與讚賞。關鍵的重點在於透過認同讚賞引導探索「**可以進步**」的地方在哪裡，而不是**缺點的審判**，如此一來，他會因為得到主管的認同，而產生自我管理、自我成長的驅策力。所以領導的最高境界便是讓成員「**自我承諾**」與「**自我超越**」。身為領導者，每月要詳實記錄成員的優秀表現及進步之處，至於需要改善的地方，也要明確指出且加入主管的行動方案之中，最後雙方用書

面形式加以簽名確認。

二、賦予責任

　　職場上，員工認為完成工作是應該的。但應更在乎的是自己到底能不能扛起責任？其實所有的人都知道被賦予責任，背後代表著信任與價值，可是組織中到底如何建立一套賦予責任的體系呢？那就是要規劃好員工職涯成長表，內容中明確訂出每個職等的基本條件、工作職掌、職能需求、績效指標、考核作業。而組織的運作中，最怕沒有「負責任」的標準，或者標準不一。所以沒有標準，就很難培養一位完整歷練的將才。

三、志同道合

　　最近常聽到：「我們不怕神一樣的敵人，就怕豬一樣的隊友。」這話聽來諷刺，但也十分真實地反應了所有團隊的心聲。那要如何建造一個「志同道合」的團隊呢？那就是要訂出一份領導管理規範表，將組織風格、人員管

理、作業要求、工作模式、考核指標都明確寫出，並讓所有成員真正瞭解每項規範的意義及執行要點。同時它也是上下溝通協調、問題解決的處理標準。

四、軟硬兼施

在組織運作中，讓人憂心的不是沒人力，而是沒人才。而人才是要雕塑的，並且要讓他們在自己的標準之下，進行「自我PK」及「團隊PK」。所以最好定期公告汰劣目標及績優目標，並且將「戰情資訊」定期公布於賞罰排行榜之中等。當然私下一對一的成長面談也要落實執行，讓潛力不錯的成員清楚知道如何獲得鼓勵及幫助。

五、伴隨成長

領導者無論如何都要花50%的時間伴隨成員成長，因為每個工作者都會碰到大小不一的困難與問題，這期間就需要有主管的溝通協調及士氣鼓舞。就像「雁行理論」中的情況一樣，團隊有人領導，就要有人跟隨，遇到障礙

就要適時有團隊的支持，否則是很難達標的。

　　另外，領導者也要撰寫管理週記，作為陪伴員工成長的「藍圖」。因為要記錄，所以才會用心去觀察、關懷成員，否則只會落入僅是印象而非具體的事實，成員也無從改善起。

六、樹立里程

　　將才培養的最低標準就是「自我超越」，所以只是達到目標而沒有成長的成員是無法成為真正的人才。因為達成目標不代表真正的挑戰與考驗，它可能是前人種樹，後人乘涼而已。領導者要不斷找出每位成員「自我超越」的指標，而不只是績效的達成，這通常要藉助「樹立里程行動紀錄表」，來分析檢討如何再創新里程。

七、善用封賞

　　組織中有很多的制度，但最重要的是賞罰的標準跟內容的影響性。賞罰若流於形式，或出現不公平現象，則很

難留住將才,因為將才需要的是實質的賞識,而非「大鍋飯」及「苦勞」式的獎勵。所以領導者應制訂且承諾兌現的「三年獎賞表」供留才之用,並且加上無形激勵環境來打造將才,諸如:

1. 成員相互關心、尊重。
2. 學習資源豐富,清楚的願景。
3. 真實無欺的環境。
4. 共同的奮鬥模式,且具使命感。
5. 工作挑戰性高,集體分享成長。
6. 有激勵肯定的善性循環。

以上七個打造將才基因的領導技巧,主管必須以「三心二意」來實踐才有用,那就是「**真心、用心、耐心**」及「**不滿意成果、不在意結果**」的態度為之。古時候有「千軍易得,一將難求」這句諺語,雖移至今時今日亦是亙古不變,領導者更要像挑千里馬的伯樂一樣,不斷自我反思,積極造就將才,更不可以忌才、礙才,甚至毀才。最後,希望有心要為組織培養將才的領導者,虔心學習從**挑選伙伴、建立信任、相互支持、共同承擔**的創才過程中躍進,這是最深切的期勉。

補充資料

表6-1

將心的養成五綱領	重要的課題	行動流程
1. 信賴團隊 四信條： • 自我成長 • 自我管理 • 自我競賽 • 自我問責	• 幫助伙伴完成願望 • 每日一小時團隊協作 • 培養閱讀及思考的習慣	• 畫出職涯曲線 • 完成自己的三至五年職涯發展表 • Q/A
2. 自願承擔 三大途徑： • 清楚的目標 • 良好的運作模式 • 無障礙的學習	• 以「七分現在，三分未來」原則做事 • 確認每天的工作價值 • 精練對挫折的忍受力 • 迅速恢復正面的能量	• 寫下對公司及主管的「感謝、抱歉、承諾」 • 寫下影響團隊的方法
3. 無私輔佐 三項清單： • 提出第一線的洞見 • 扮演團隊中的「鯰魚」 • 超越薪酬的貢獻	• 降低跨部門的協作衝突 • 每年提升10%的生產力 • 力行 5-4-3 當責原則	• 寫出每月給成員的三個建議
4. 熱情成事 競爭力培養： • 專業競爭力 • 人際競爭力 • 學習競爭力	• 培植自我挑戰的勇氣 • 創造積極工作的行動 • 強勁而持續的現場力	• 列出本年度的學習清單 • 成立優秀團隊建置小組
5. 奉行忠誠 五不原則： • 不沉澱問題 • 不等待命令 • 不擔心犯錯 • 不便宜行事 • 不光說不練	• 認真執著的幹勁 • 勇於負責的面對 • 找出解決的力量	• 寫出忠誠五項修練 • 總結論

6-3 開發領導團隊的新視野

　　「領導從傳球開始」，這是某一期《商業周刊》文章的標題，它點出了：一個成功的領導者應該致力於讓團隊看見機會，為他們加分，在成就事情的同時，帶動組織的活力，並在遭遇挫折時鼓舞士氣。

　　一個優良的團隊也必須知道需要進步之處是什麼？做對什麼？捨棄什麼？所以我們要鼓勵領導者，認真營造充滿幹勁的工作環境。這時最重要的是，找到關鍵人才，並讓他們發揮所長，千萬別吃大鍋飯，也不能以勸說及責罵來姑息不適任的員工。所以以下五大課題，可以提供給大家來思考、融會、執行。

一、制訂五至十年的領導策略

重要課題

1. 是否有清楚的組織方向、方針、方法、方案？
2. 是否有明確的任務、成果、績效指標及典範？

　　亨利‧福特（Henry Ford）曾說過一句話：「相聚在一起，只是一個開端；持續在一起，是一種進展；工作在一起，才得以稱之為成功。」所以，我們堅信人對了，事情就對了。其實，領導者最需要改變的是：花太多時間解釋過去及預測未來，卻忽略了好好地做好現在。而要做好現在，則要花心思鑽研領導管理的3-4-5法則：

- 3項準則：拉高標準、鯰魚效應、末位淘汰。
- 4方領導：方向、方針、方法、方案。
- 5力培養：任務傳達、教育訓練、工作檢核、運作專業、激勵成長力。

　　領導者們，衷心地期盼您從現在開始，凝聚目標、找出對策、改變習慣，並立下今後五到十年的領導策略，下定決心把它做好做滿。以下「補充資料」中提供給學習者一些要點參考。

補充資料：領導學習要點

表6-2

方向	方針	方法	方案
1.找人才	1.新觀點	1.盤點任務	1.工作紀錄
2.定任務	2.新知識	2.行動對焦	2.工作回報
3.建組織	3.新流程	3.檢核清單	3.進度追蹤
4.置系統	4.新經驗	4.系統操演	4.績效評鑑
5.精訓練		5.績效產出	5.異常處理

二、創造良好的領導結構

重要課題

1. 哪些事情是需要大家共同投入依存的？

2. 是否可以產生動力，以及建立樂觀態度？

　　許久前還在職場時，有一回主管召集各部門主管，討論年度加薪的作業辦法，大家顯得興致勃勃、聚精會神。主管傳達公司年度調薪目標為3%，要求七天完成各部門調薪初步提案。我回到單位後，也召集所屬，告訴他們在三天內完成調薪作業。

　　不出我意料之外，所屬主管們問我，調薪預算是多少？我說，沒有設限，重點在於足以反映同仁們的表現與期待。結果出爐，他們調到了3.5%。於是我要求他們明確說明為什麼調到3.5% ──必須要有數據及充分的理由，至少每位獲調薪的同仁，都必須有「一定程度的進步」，且要超越他本來應有的貢獻。

這裡需要思考的是，既然同仁確實有努力付出並能超越自己，理當給予肯定及回饋，那要如何為他們挺身而出呢？要如何向公司爭取呢？於是我洋洋灑灑寫了十二條證據，來力爭過關。第二天，我安排出差澎湖，準備一切聽天由命。

剛到澎湖，不到十分鐘，主管就打電話來責問我為什麼我的部門要超出預算，我跟主管說：「本來報酬多寡，就是看貢獻（pay by contribution）。」主管要我下修，我堅持不修，我請主管幫我修，或者扣我的調薪預算給同仁，我便繼續我後續行程了。

結果出人意料，主管竟然沒有下修我部門所提出的3.5%調薪。此後，部門同仁走路有風，那是一種獲得真心讚賞的肯定，雖然區區0.5%，卻有一股捨我其誰的驕傲，持續影響整個團隊的當時及未來。這也是領導者的責任與膽識的實踐。

補充資料：領導學習要點

1. 釐清目標及團隊規範。

2. 以績效為導向的工作模式。

3. 落實作業要求及賞罰分明。

4. 練習團隊溝通、互動、相處的規則。

5. 塑造團隊的自我成長環境。

三、建立自我管理的工作制度

重要課題

1. 是否職責明確，並具備完成任務的技能？

2. 是否有完整的工作紀錄，來溝通共同面對的責任？

　　剛出社會時，我非常著迷於如何當上總經理。但要領導一家公司，並要持續獲利，這人才如何羅幟？組織如何建立？營運如何步步為營？再再都不是簡單的事。其中最

重要關鍵的還是：如何讓對的人縮短學習時間，迅速獨立作業並產出績效。

而要進行人才的培育，則必須要很清楚公司現在及未來的人才規格，同時還要經過漫長的「等待期」及「賞味期」。而此時若公司營運不理想，或團隊跟不上公司步調，就很有可能出現諸如以下的領導者管理亂象：

1. 給員工的工作量太大。

2. 管得太多、太細。

3. 主管常常不見蹤影又不學習授權。

4. 只用自己喜歡的人。

5. 沒有為員工的未來著想。

6. 常常要大家開會卻沒有結論。

7. 只在乎自己，而不是團隊。

8. 員工不知道團隊的方向是什麼。

主管在面臨績效不彰的情況下，容易造成「忙死自己跟弱化團隊」。任務一多且朝令夕改，就容易失焦。所以領導者要根據事實，提供意見、經驗、方法給同仁，讓同仁們有做事的權力，而且在執行過程中，要求紀律，坦誠

對話，協助他們具體進行。

　　過去我在職場剛升任主管時，常常思考怎麼帶領團隊且凡事都求好心切，但我發覺團隊成員每天充滿焦慮、不安，也不快樂，而我也陷入不知從何著手的困境。但有一本書，給了我很大的啟發，它提到：帶領團隊要先學會「讀人」，並且要對人「有興趣」。於是，我重新開始認識團隊成員，每天跟他們聊天，一起去吃飯，一起談職涯發展。慢慢地把這些當作日常，也是主管們的未來。所以，我開始將領導管理的重點放在以下「補充資料」所列的幾點。

補充資料：領導學習要點

1. 善用第一線員工的「洞見」。
2. 減少工作中的「上級干預」。
3. 廣設團隊的「PK」元素。
4. 讓團隊決定「自己的收入」。
5. 想盡辦法做到「資訊透明」。

6. 不斷練習思考「行動精髓」：

- 目的行動化。
- 要達到什麼？
- 範圍有哪些？
- 要做到什麼程度？
- 重要關鍵是什麼？
- 要注意哪些事情？
- 流程怎麼走？

四、以具體承諾與要求帶領團隊

重要課題

1. 組織風格是否前後一致被遵守？

2. 各部門管理原則是否被徹底執行？

3. 工作模式是否會造成跨部門衝突？

4. 作業要求是否有完整的訓練及檢驗？

　　三國時，諸葛亮曾經聽屬下建言，將戍守部隊分成輪替組織。但當曹軍突然大舉來襲時，又有屬下建議，應留下原本該返鄉駐守的將士，待迎戰司馬懿大軍後，再行返巢後方休息。但諸葛亮並沒有採納此建議，反而認為應該對將士遵守承諾，讓他們按既定行程輪替返鄉。

　　因此舉，將士們得知宰相如此「說到做到」地照顧部屬，他們自動願意放棄輪調後方，集體請纓上陣，終於打敗曹軍。這剛好應證了古人的千古名言，「女為悅己者容，士為知己者死。」

　　但在企業運作中，什麼是不當的承諾？哪些可能是組織裡隱形的殺手？為什麼同仁只關心自己的成就感？而在這樣的職場趨勢下，企業主管們應該如何以具體的承諾與要求來帶領團隊呢？

補充資料：領導學習要點

1. 由下而上訂出年度自我承諾的KPI。
2. 幫助團隊成員找到目標中的關鍵成果。
3. 每月跟成員完成一對一的工作成長面評。
4. 重新設計達標後的價值體系。

五、精進技能、打掉重練、刻意練習

重要課題

1. 是否有完善的自我成長協助體系？
2. 除了績效及報酬外，哪些是團隊績效的重點？
3. 是否連結年度目標及市場競爭而為？

　　在美國有兩家醫院，在心肌梗塞的急救績效上，存在著很大的落差（A醫院92%；B醫院68%）。同樣是醫生，專業相近，為何有著天壤之別？經過參訪，找到關

鍵的原因是：Ａ醫院訓練急診醫師去做術前必要檢查及準備，因而當心臟科主治醫生來進行手術時，可以在黃金時間二十五分鐘內，完成急救。

當年帶領三位績差同仁，苦無對策，於是死馬當活馬醫。集體討論以後，得出獲得業績成長的三個重要元素：(1)投入工作；(2)得到信任；(3)面對問題。而這些課題，不是一蹴可幾，必須從不斷精進各項專業技能、挑戰極限開始，同時必須掌握以下精進技能應具備的五大準則才行。

鼓勵名正言順的績效競爭

- 設定有挑戰性的目標。
- 建立有信賴關係的競爭。
- 戒除低效的勤奮。
- 學習新的做事方法。

改進及學習式的領導

- 重新定義工作規範。
- 不斷要求行動承諾。

- 80%輔導，20%指示。
- 在現場指導工作。
- 把力氣放在重要的事情上。

用心傳達經營管理理念

- 不只做到了，還要完美無誤。
- 讓團隊用心克服困難。
- 不是解決問題，還要有成果。
- 不只看數字，還要看實質內涵。
- 現狀可接受，下回再挑戰。

追求完美的工作成果

- 事前建立規則及流程。
- 將任務簡單、清晰、具體化。
- 嚴守紀律不浪費時間。
- 在許多想法中去蕪存菁。
- 對事不對人原則。

量身訂做的自我成長

- 新進時就給職涯發展表。

- 全力培育、關懷績優同仁。

- 鼓勵自動自發的投入。

- 讓員工自訂目標並自我裁量。

補充資料：領導學習要點

1. 激發個人特色，讓他們大顯身手。

2. 經由分享人性，讓他們樂談自己。

3. 翻轉工作動機，讓他們自我成長。

4. 透過清楚認可，讓他們產生動力。

5. 運用誠意互動，讓他們相信團隊。

6. 檢討自身錯誤，讓他們自動反省。

7. 引導行為改變，讓他們實踐需求。

6-4 當個獵才高手

　　有一天老闆要我去人事單位，拿十份不需刻意挑選的已入職同仁檔案來找他，他說要教我「**如何從一份應徵履歷的思考邏輯中，找到你要的人**」。剛好那段時間是我部門急需補充人力的時候，老闆看到我的需求，主動要「**閉門私傳**」。但後來才知道，原來他是想交付我承擔起「**教育班長的重責大任**」。後來證實雙方「銀貨兩訖」合作愉快。

　　老闆說，一份應徵履歷代表應徵者走過的兩條路，一條叫「心路」，一條叫「來時路」。心路詮釋了現在，而來時路會牽引著現在。所以當你看到一份履歷時，對方有什麼經歷不重要，重要的是藏在字裡行間的「**使命和理想**」。這時候你要好好研究他在自傳中所說的第一句話和最後一句話，因為那是代表著他的過去和未來。

　　那天下午的履歷大解析，徹底顛覆了我原先認為履歷

中「**重要和不重要的內容**」。老闆說，看履歷的過程，就是在跟應徵者對弈，從「**探究虛實到輸贏的纏鬥**」。於是他特別點出如何找出每位應徵者的六樣東西，那就是：使命、夢想、故事、感動、挑戰及挫折。

　　一場履歷算命下來，不得不佩服老闆的看人分析能力。不但說中率達90%以上，其中更像在進行一場隔空追蹤一個人的「**變易與不易**」的過程；也是對他的「**先天與後天**」做個總評。由此可知面對人才是「無形勝有形」、「看相對不看絕對」、「用現在還要用未來」。

　　震撼之餘，我快手筆記十個重點如下：

　1.履歷表空白多，總有難言之隱。

　2.離職原因不可控，則是習慣不自省。

　3.期望待遇依公司，則是有經驗沒能力。

　4.求學過程曲折，便是意志堅強之人。

　5.常在社團活躍，則代表能負責盡職。

　6.每份工作很短，就是不知道自己要什麼。

　7.「我」字比例高，則是不易改變的性格。

　8.自傳沒談及學習，則是成長有限。

　9.工作屬性不連貫，則是專業難成氣候。

10.薪酬高低起伏，代表實力尚待考驗。

重要課題

認真追根究柢

挑戰他的根性

計算他的基本功

挖掘他的企圖心

評估表達能力

有無致命的缺點

考驗團隊合作力

圖6-1

一、找人才是環環相扣的系統

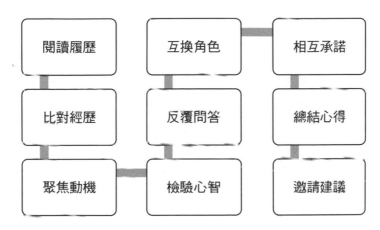

圖6-2

面試前、中、後提醒

1. 面試前先閱讀應徵者的履歷三次以上，並寫下評語，屆時請其說明釋疑。

2. 將應徵者的資料比對現有員工，並釐清相近及相異之處。

3. 面試問題聚焦在重要情事的追蹤式提問。

4. 面談表包含：(1) 履歷評語；(2) 應徵者說明；(3)
面談後評語；(4) 結論理由說明。

5. 請面試者寫下進公司三年的職涯規劃，含對自我
的期許。

6. 請面試者寫出前主管的管理優缺點，以及其期望
被領導管理的要求。

7. 以現有員工的基本任職條件作為對照標準，上下
差異 20% 者不予考慮。

8. 面試者的穿著打扮、言談舉止、應對進退、精神
紀律要列為重點考核。

9. 面談過程中要不斷比對前後及相關資料有無矛盾
衝突之處。

10. 面談結束前請面試者發表今日面談心得，再次驗
證主管的面談結論。

二、避免人才選用的謬誤

過去我曾經在用人方面有幾次的失敗經驗，而這些錯
誤都是我日後精進的課題，相信很值得大家借鏡參考。這

也就是應驗了所謂「**不經一事，不長一智**」，容易相信我
們所相信的事，而忽略了人性中「把別人當成是自己」的
謬誤。但也不是同樣情形都會如此，而是應該做你該做的
面試流程，不能便宜行事。

失敗經驗

1. 未經嚴謹面試，就用了我同學的弟弟。
2. 也在緊急情況下，錄用了自己的朋友。
3. 看到同校的學弟妹就用了。
4. 用了跟我同姓氏的人。
5. 用了有十年經驗的業務，卻只要不合理的低薪。
6. 想用不合學歷條件的櫃姐。
7. 想用一位高薪轉低薪的空姐。
8. 在需求人力孔急時，寧爛勿缺。
9. 錄取了早上報到、下午就不告而別的人。
10. 以為從國外拿到碩士學位的都是人才。

（以下族繁不及備載）

重要提醒

1. 多數的主管常會在面試中，錄取比自己能力差的員工。

2. 有些主管會在選人時，陷入「自我遺憾」渴望補償的迷思。

3. 主管在面試時常被應徵者的外表所影響，而沒有深入瞭解應徵者的內在。

4. 主管必須小心，但別犯了人才通用的邏輯謬誤。

5. 有才幹的員工在面試時關心前途，平庸者則會投你所好。

6. 問對問題及會問問題是主管找到好員工的第一步。

7. 有時碰到好人才，難免見獵心喜，但人才是公司的無形資產，而非個人所有。

三、探究人的本質、價值觀、人群關係

設計面試問題來找出有無以下九大毛病：

1. 找藉口。

2. 常會恐懼。

3. 拒絕學習。

4. 猶豫不決。

5. 拖延。

6. 害怕拒絕。

7. 三分鐘熱度。

8. 自我設限，

9. 逃避現實。

　　針對上述九大毛病所設計出的面試問題，舉例如表 6-3。

四、讓面試成為一場終身大事

　　面談者其實很像是企業與人才間的媒人婆的角色，不但要在不同時期找到門當戶對的良人，更要搓合雙方不同的意見，可見這個角色的重要性，以及必須要有的面談經驗與判斷能力，豈能輕忽。我把多年的面談經驗，整理成五大步驟（見圖 6-3）。

表 6-3

• 你會用什麼心態面對失敗？為什麼？ • 你是帶著什麼想法來應徵的？ • 你的成功經驗用在此刻，你打算怎麼做？
• 你最羨慕別人擁有什麼性格？ • 在什麼情況下，你最能發揮所長？ • 你如何面對自身的弱點？
• 在什麼情況下，你會放棄理想的追求？ • 你不斷練習與加強的技能是什麼？ • 你會用什麼方法去影響與你想法不同的人？
• 你希望到每家公司去面試，留下什麼印象給人家？ • 哪些事會讓你感到痛苦？你會怎麼克服它？ • 你在工作中得到的最大樂趣是什麼？
• 跟別人競爭這份職位，你有什麼優勢？ • 你對成功上班族的定義是什麼？ • 假如你沒被錄取，你還要努力些什麼？
• 別人認為你最大的弱點是什麼？你怎麼看？ • 工作績效評比時，得分最差的項目是什麼？ • 你最想在今年成長、改善的地方是什麼？有方案了嗎？
• 你經常幫助別人做哪三件事？為什麼？ • 別人為什麼要找你幫忙？ • 在團隊裡，你經常扮演什麼角色？為什麼？

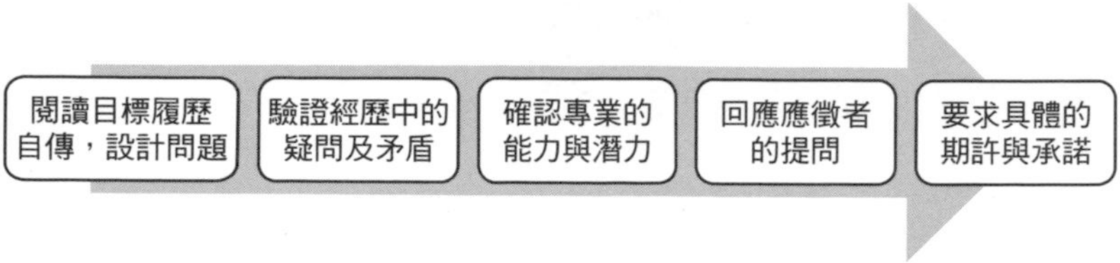

閱讀目標履歷
自傳，設計問題 → 驗證經歷中的
疑問及矛盾 → 確認專業的
能力與潛力 → 回應應徵者
的提問 → 要求具體的
期許與承諾

圖 6-3

重要課題

- 認真追根究柢：針對矛盾及疑點之處。
- 挑戰他的根性：讓他說出挫折與成就。
- 計算他的基本功：條列重要的工作成果。
- 挖掘他的企圖心：寫出三、五、十年工作目標。
- 考驗他的表達力：一分鐘聽到重點。
- 盤查致命的缺點：列出缺點盤點表。
- 清點團隊合作力：在團隊扮演的角色。

面談流程行動綱領

1. 介紹企業現狀與前景。
2. 說明企業面試流程與相關作業。
3. 請應徵者重填一份自我介紹書。
4. 共同導讀「自我介紹書」。
5. 面談方式：口頭及書面並行。
6. 請應徵者填寫職涯發展表（三至五年）。
7. 進行十至十五分鐘相互問答。
8. 對照核實彼此面談紀錄。

9. 說明薪資結構及工作職掌。

10. 總結面試感想與期許。

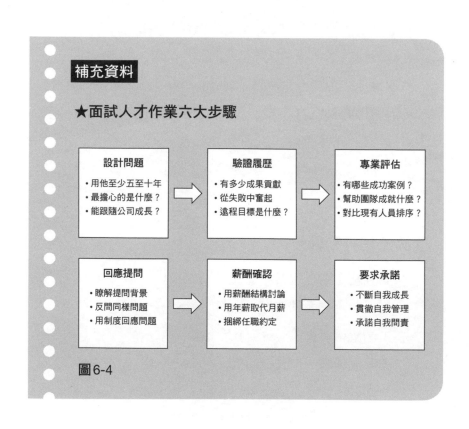

補充資料

★面試人才作業六大步驟

設計問題
- 用他至少五至十年
- 最擔心的是什麼？
- 能跟隨公司成長？

驗證履歷
- 有多少成果貢獻
- 從失敗中奮起
- 遠程目標是什麼？

專業評估
- 有哪些成功案例？
- 幫助團隊成就什麼？
- 對比現有人員排序？

回應提問
- 瞭解提問背景
- 反問同樣問題
- 用制度回應問題

薪酬確認
- 用薪酬結構討論
- 用年薪取代月薪
- 捆綁任職約定

要求承諾
- 不斷自我成長
- 貫徹自我管理
- 承諾自我問責

圖6-4

　　在日本有一匹從來沒贏過的賽馬叫春麗。截至2022年3月31日，牠已有連續113場的連敗紀錄，按日本賽馬界規矩，沒贏過的賽馬，退役後將被安樂死，但牠靠公眾的請命，得以在北海道安享晚年。日本人看中牠的是：**牠不懈的努力！** 在組織裡，我們很希望能找到千里馬，但同時也要有一群願意持續跟隨公司奮鬥的「春麗們」。所以面試是在「**檢視一個人的價值觀，不是在我問你答**」。

6-5 成為培育人才的永續者

　　一個公司的組織運作雖然非常講究所謂的專業分工、各司其職,該有的年度目標、工作執掌也都訂得非常清楚,但是經常在跨部門的共同運作之下,卻出現績效不彰及衝突內耗的問題。

　　很多的中小型企業或發展成長中企業,都遭遇在營運上的一些痛點,這就是台灣俚語所說的「做多、賺少、加不閒」的寫照,諸如:

- 找不到好人才。
- 資深員工不再成長。
- 業績三年停滯。
- 費用增加,獲利減少。
- 忙碌卻沒有效果。
- 想要做好,但不知如何下手。
- 共識溝通很困難。

大家都說，有人的地方就有問題。台灣很多企業，從創業到如今有所成就，通常憑藉一手技術，努力打拚奮鬥而來。對於一個組織，在由小變大的過程中，應該建立的工作分工、工作紀錄、工作回報、工作成果、工作改善的一連串運作，都有一大段路要走。

針對這些管理上的痛點，我們來學習以下幾個值得參考的領導管理模式，我稱呼它叫領導統御養蜂學，也就是團隊領導的**五心法、六動作、七習慣**（見圖6-5）。

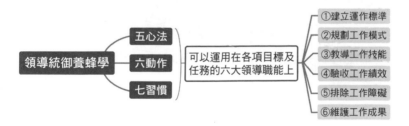

圖6-5

有個發生在--百多年前的故事：挪威人和英國人兩支隊伍到北極探險考察，他們相約比賽看誰先到達北極點。挪威人帶著格陵蘭犬、英國人騎馬。英國人

的隊伍，兵強馬壯、經費充裕、人才眾多；挪威人的隊伍，經費有限、裝備一般，但有滿腔熱血的工作伙伴，還有一套每人都會很專注的工作模式。一路上，挪威人走得很快，很少停下來東張西望，他們的目標很明確，就是為了第一個把國旗插到北極點上。

而英國人走得很慢，雖然他們的最終目標也是把國旗插在北極點上，但他們覺得這是個難得的經歷，於是他們一邊走一邊蒐集標本，把有價值的標本統統放在雪橇上，打算回去慢慢研究。

很快的，英國人的食物吃光了、燃料用盡了，又捨不得扔掉蒐集的標本，最終他們全部凍死在北極的茫茫雪原中。而挪威人完成了目標，並順利返回了自己的祖國。

結合故事談談你從中悟出的管理哲理，到底挪威人這支團隊是**怎麼運作成功的呢？它的勝出關鍵在哪？**

答案就在以下的執行步驟：

1. 蒐集資料得知，最會駝運的犬叫格陵蘭犬。

2. 央請當時最強的訓犬師，一起同行。

3. 一路上最重要的工作是幫助團隊獲得成功。

4. 每天要自動報告任務進度。

5. 每天集體行軍十哩路程。

6. ⋯⋯

7. ⋯⋯

（以下步驟不再一一列出）

　　以上就是領導養蜂學的有效產出，所以組建團隊要有一個良好的運作流程。也可以說，找到對的人，才有對的策略；有對的策略才能規劃出有效的運作流程。而什麼才是良好的運作模式呢？我們應該多做什麼？少做什麼？鼓勵什麼？戒掉什麼？這些都是領導者們要學習的。以下就來跟大家分享領導團隊的5-6-7養蜂學。

一、五心法：聚焦、細拆、扼要、綿密、持穩

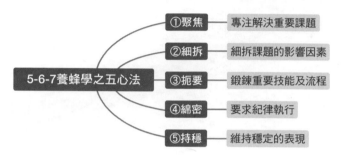

5-6-7養蜂學之五心法

①聚焦 — 專注解決重要課題
②細拆 — 細拆課題的影響因素
③扼要 — 鍛鍊重要技能及流程
④綿密 — 要求紀律執行
⑤持穩 — 維持穩定的表現

圖6-6

案例二

　　我曾經在大陸招募過五位3C店長。在這之前，常常有招募不順或人才不適任的問題，我接任後，就命人事單位一次招進二十位人選，再跟人選宣布接下來將進行兩階段汰選。

　　第一個月將淘汰掉十位落後者，而十位過關者，每人加薪人民幣500元。第二個月，再淘汰五位，剩下的五位，每人再加薪500元。最後的五位人選都是經過嚴格考驗而勝出的。

　　而在這兩個月過程中，準人選用盡心力學習，毫無保留。而團隊中最大的考驗，就是團隊成員並未使出全力工作，所以領導者一開始就要設計一套讓成員必須用盡全力的運作流程。讓團隊所有人的潛力得以全力展現，這就是領導養蜂學中的精髓——**每天都要拿掉不好的蜜蜂。**

二、六動作：設目標、選項目、定標準、做紀錄、找模式、盯執行

　　當年我曾經花時間研究，我們公司裡不同等級的客戶，到底要怎麼經營才會成交，結果從三千家客戶中發現到，只要是B級客戶，每月主動打三通以上的電話，必定會成交；而A級客戶，每月只要見面四次以上，業績就會比上月成長10%。經果不斷地測試，結果都精準不已。而這樣的結果就是我運用了養蜂六動作（見圖6-7）而來，你也可以試一試。

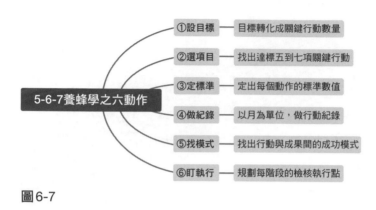

圖6-7

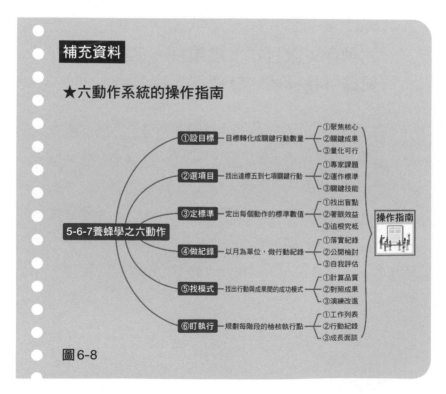

　　其實我們都知道，帶人要帶心。但很多時候，領導者卻不知道要怎樣做，才能成就一支傑出的隊伍，所以會經常出現「人到用時方恨少」的窘境，最後只能捲袖子自己幹。如此一來，終至有一天，可能會面臨從決策到執行，一人獨斷單行的風險，不可不提早學習因應。所以領導者非常需要植入一些良好的運作習慣，下一段提到的七個習慣（見圖6-9），值得大家來參考。

三、七習慣：SOP、追根究柢、革除惰性、跳脫舒適、面對缺點、即時反省、團隊協作

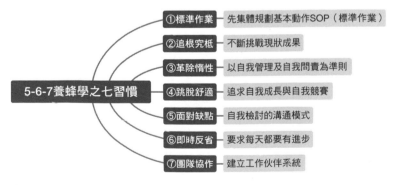

圖6-9

　　而要學習領導養蜂學要從三個統一開始，即是統一標準、統一語言、統一步調。同時一定要貫徹三項原則：(1)建立信任；(2)相互支持；(3)共同承擔。

案例三

　　以前我剛升任主管時，曾經帶領三位公司想要淘汰的人選。他們工作像無頭蒼蠅，沒計畫亂飛。當時，我從一本書得到啟示，就是要激出他們的拚搏精神，更要給他們很清楚的方向、方法和方案，並且一切以行動為導向。

　　我一開始連續十五天，沒有開任何會議，也不做任何指示，只是暗中觀察他們的一舉一動並做紀錄。他們於是從有說有笑，到焦慮、彷徨、不安，完全如書中所說的，激出他們的期待和渴望了。

　　第十六天時，我找他們開會，如實地告訴他們，公司原本要淘汰他們，是我保他們下來的，但我不知道如何讓他們脫胎換骨。我問他們是要離開，或者是聽我的，大幹一次讓大家刮目相看。此時的他們選擇

留下來，願意拚出他們想要的最後尊嚴。

於是，我揭示從今而後，團隊三原則：(1)建立信任；(2)相互支持；(3)共同承擔。這就是我們成功翻身的祕訣。這一段我們從醜小鴨變天鵝的奮鬥經歷，至今仍難以忘懷。以下跟大家分享我的做法。

一、建立信任的三個做法

1. **即時消息的透明**：沒有遞延，沒有造假。
2. **明確的工作模式**：開始結束，緊密串聯。
3. **運作流程的溝通**：面對問題，開誠布公。

二、相互支持的四個自我

1. **自我成長**：創造機會，樹立里程。
2. **自我管理**：成就事情，貢獻組織。
3. **自我競賽**：精進技能，創造績效。
4. **自我問責**：使命至上，投入工作。

三、共同承擔的六個準則

1. 將目標分解成——**行為與規則**：(1)選取五到七項行動；(2)條列工作清單；(3)演練協作技巧。

2. 將任務精簡成——**順序與系統**：(1)任務目標限制；(2)任務時效限制；(3)設置檢核指標。

3. 將運作細分成——**步驟與行動**：(1)找出關鍵成果；(2)布達行動步驟；(3)優化行動職能；(4)排除行動障礙。

4. 將成果總結成——**流程與模式**：(1)自設操作系統；(2)系統化操作流程；(3)產出成功模式。

5. 將績效轉換成——**承諾與要求**：(1)看到進取機會；(2)建立自我價值；(3)站在第一線。

6. 將期許進化成——**鼓勵與肯定**：(1)清楚的目標；(2)充分的激勵；(3)無障礙的環境；(4)良好的運作。

最後提醒大家在執行領導養蜂學要注意的心法如下：

- 想法要深思熟慮，做法要有管道傳達。
- 執行會面臨問題，觀念必須更加清晰。

- 政策會遭遇困難，運作要有作業系統。
- 熱忱會隨時消弭，意識要能駕馭驅策。
- 效果會逐漸打折，績效仰賴自我管理。

最後，想跟大家分享，除了用上述五心法、六動作、七習慣的領導統御養蜂學之外，應該可以採取的一些實務做法給大家參考。

領導統御養蜂學必須搭配的教戰守則，如下：

- 以「七分現在，三分未來」原則做事。
- 養成360度諮詢訪談習慣。
- 確認每天的工作價值。
- 精練對挫折的忍受力。
- 找出團隊的樂觀係數。
- 把困難與問題拆解。
- 迅速恢復團隊正面的能量。
- 複製優秀同仁的行動模式。
- 培植團隊嘗試的勇氣。
- 建造強勁而持續的現場力。
- 挖掘團隊中的自我價值。

- 全力幫助成員完成他的願望。
- 持續樹立團隊里程碑。
- 每日一小時團隊協作訓練。
- 培養團隊閱讀及思考的習慣。

學習摘要

本章的重點	行動方案	自我獎勵
1. 2. 3. 4. 5.	1. 2. 3. 4. 5.	1. 2. 3.

	分享對象	
	1. 2. 3.	

新商業周刊叢書BW0809

金牌業務主管實戰全書
從百萬到百億高績效團隊建立與管理

作　　　者／聶繼承
編 輯 協 力／李　晶
責 任 編 輯／鄭凱達
版　　　權／吳亭儀
行 銷 業 務／周佑潔、林秀津、黃崇華、賴正祐、郭盈均

總 編　 輯／陳美靜
總 經　 理／彭之琬
事業群總經理／黃淑貞
發 行　 人／何飛鵬
法 律 顧 問／台英國際商務法律事務所　羅明通律師
出　　　版／商周出版
　　　　　　臺北市104民生東路二段141號9樓
　　　　　　電話：(02) 2500-7008　傳真：(02) 2500-7759
　　　　　　E-mail: bwp.service @ cite.com.tw
發　　　行／英屬蓋曼群島商家庭傳媒股份有限公司　城邦分公司
　　　　　　臺北市104民生東路二段141號2樓
　　　　　　讀者服務專線：0800-020-299　24小時傳真服務：(02) 2517-0999
　　　　　　讀者服務信箱E-mail: cs@cite.com.tw
　　　　　　劃撥帳號：19833503　戶名：英屬蓋曼群島商家庭傳媒股份有限公司城邦分公司
訂 購 服 務／書虫股份有限公司客服專線：(02) 2500-7718；2500-7719
　　　　　　服務時間：週一至週五上午09:30-12:00；下午13:30-17:00
　　　　　　24小時傳真專線：(02) 2500-1990；2500-1991
　　　　　　劃撥帳號：19863813　戶名：書虫股份有限公司
　　　　　　E-mail: service@readingclub.com.tw
香港發行所／城邦（香港）出版集團有限公司
　　　　　　香港灣仔駱克道193號東超商業中心1樓
　　　　　　電話：(852) 2508-6231　傳真：(852) 2578-9337
馬新發行所／城邦（馬新）出版集團 Cite (M) Sdn. Bhd.
　　　　　　41, Jalan Radin Anum, Bandar Baru Sri Petaling, 57000 Kuala Lumpur, Malaysia.
　　　　　　Tel: (603) 90563833　Fax: (603) 90576622　E-mail: services@cite.my

封 面 設 計／FE設計‧葉馥儀
印　　　刷／鴻霖印刷傳媒股份有限公司
經 銷 商／聯合發行股份有限公司　電話：(02) 2917-8022　傳真：(02) 2911-0053
　　　　　　地址：新北市新店區寶橋路235巷6弄6號2樓

■ 2022年11月10日初版1刷
■ 2022年12月20日初版2.6刷

定價：400元（紙本）／280元（EPUB）
ISBN：978-626-318-445-9（紙本）／978-626-318-465-7（EPUB）

國家圖書館出版品預行編目（CIP）資料

金牌業務主管實戰全書：從百萬到百億高績效團
隊建立與管理／聶繼承著. -- 初版. -- 臺北市：商
周出版：英屬蓋曼群島商家庭傳媒股份有限公司
城邦分公司發行, 2022.11
　面；　公分. -- (新商業周刊叢書；BW0809)
ISBN 978-626-318-445-9（平裝）

1.CST: 銷售　2.CST: 銷售員　3.CST: 職場成功法
496.5　　　　　　　　　　　　　　　111015562

線上版讀者回函卡